淼叔说宇宙

万物的起始与终结

李淼 著

海峡出版发行集团
海峡文艺出版社

一起开启宇宙之旅吧！

目录

第 1 章

宇宙的起源——宇宙大爆炸

第 2 章

宇宙暴涨

第 3 章

星球诞生，生命起源

第 4 章

万物的基本——基本粒子

第 5 章

我们所看见的宇宙和宇宙传来的信息

第 6 章

暗物质与暗能量

第 7 章

时间的物理意义

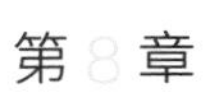

第 8 章

相对论重新定义时空

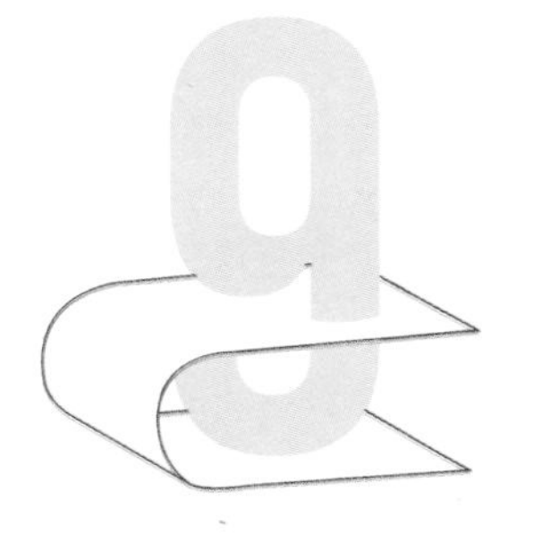

第 9 章

黑洞是什么

第 10 章

令人着迷的引力波

第 11 章

世界通过能量运转

第 12 章

宇宙的一生

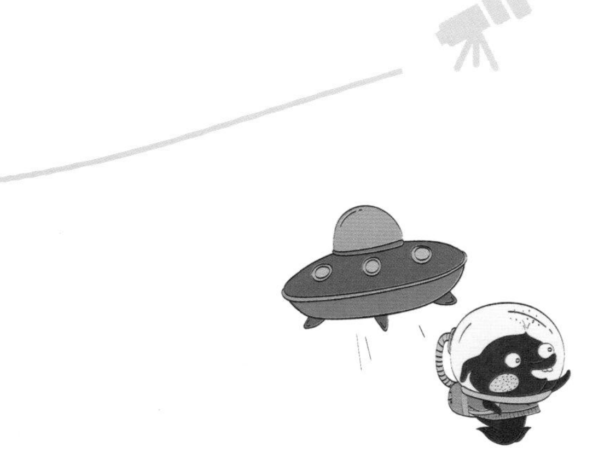

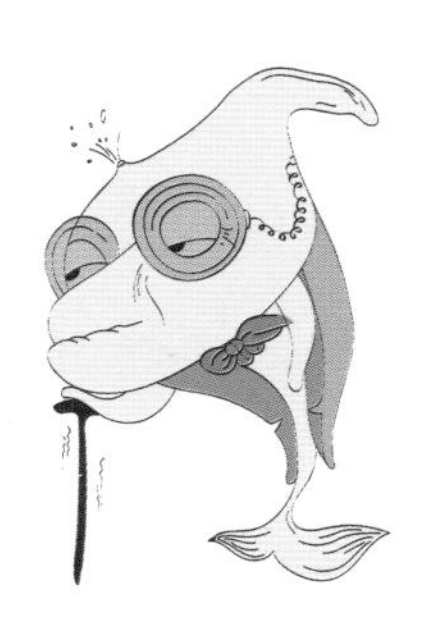

第1章

宇宙的起源——宇宙大爆炸

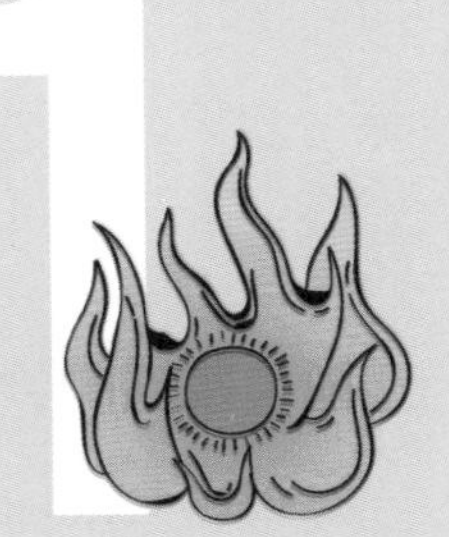

20万年前，人类进化成智人，有了思考能力。从此，当人们看到天上的星星，看到日升月落，就会产生疑问：太阳是怎么来的？月亮是怎么来的？大地是怎么来的？山川、树木又是怎么来的？我们人类又是从哪里来的？这一切都要追溯到宇宙的起源。

一、宇宙从哪里来

1.神话中的宇宙来源

关于宇宙的起源，几乎所有文明的早期神话都给出了类似的答案，只是，来自不同文明的神话情节稍有不同。

在中国的神话中，创世之初，有一个中央的大帝叫混沌，还有南北两个大帝分别叫倏和忽。混沌经常款待倏和忽，他们俩为了报答混沌，决定为混沌凿开七窍，但混沌却死在了这场“手术”中。混沌死之前，还生了一个儿子，名叫盘古。后来盘古开天辟地，就有了我们的宇宙。

希腊人也认为，在宇宙之前只有一片混沌，统治混沌的大神叫卡俄斯，卡俄斯在希腊语中的意思就是混沌。卡俄斯生出了地母盖亚、地狱之神、黑暗之神、黑夜之神和爱神，然后才有了天地万物。

印度神话中，宇宙总是在轮回，而主宰宇宙轮回的有三大神：湿婆、梵天和毗湿奴。湿婆是毁灭之神，当湿婆毁灭一个世界后，梵天就重建一个世界，毗湿奴的工作是维持宇宙的运行。如果你看过电影《少年派的奇幻漂流》的话，一定记得派的妈妈讲的那个故事：毗湿奴在海上睡觉，睡梦中他张开嘴，他的嘴里就有一个宇宙。当然，这是宗教对宇宙起源的诗化。

而在埃及神话里，世界最初也是一片混沌，不过不同的是，世界起源于一个很不起眼的地方——混沌中的一座土丘。

我同你一样，也不再相信儿时听到的盘古开天地的故事。现在，我们如果向任何一位天文学家或宇宙学家讨教，得到的回答虽然在细节上与神话不同，概念上却是类似的。

2.物理学中的宇宙起源

那么，物理学是怎么理解宇宙的呢？

早在20世纪60年代，人们就发现，电视机在打开之后会发出

嗡嗡声、出现雪花点，但没有人知道这些嗡嗡声是从哪里来的，而且无论把电视天线扭转到哪个方向，嗡嗡声都不会消失。后来科学家才发现，这种声音原来是来自宇宙深处，也就是无所不在的微波背景辐射。

· 电视机的嗡嗡声来自宇宙的微波背景辐射

我们都很熟悉微波，微波炉的基本原理就是用电来产生微波，再由微波加热食物中的分子和原子。其实，整个宇宙就像是一台巨大无比的微波炉。

那么，宇宙中的微波又是从何而来呢？这跟宇宙的起源有关。目前，科学界普遍认同宇宙起源于一场大爆炸。

那么宇宙大爆炸理论是如何描述宇宙的呢？我们打个比方。也许你有这样的经验：用面包炉烤面包的时候，面团原本非常小，可能直径只有5厘米，在热量烘烤之下，慢慢地膨胀，越胀越大，这就有点像宇宙膨胀。有人提出这样的问题：宇宙是从哪里开始爆炸的呢？这个问题其实源于一个错误的看法。

我们不妨再来看一看微波炉里的面包，如果把这块面包随便切下一片，问，这片面包是从哪里来的？回答一定是：它是从刚刚开始的那一小块直径5厘米大小的面团里来的。尽管这块面团很小，只有5厘米，但这5厘米里面到处都有面粉，并不是一个点。

换句话说，一个烘烤而成的大面包并不是从某一个点来的，而是来自最初的小面团，这个面团的每一个点经过烘烤之后，共同组成一大块面包。我们借这个比喻来描述宇宙膨胀，宇宙的每一寸空间都是从一个更小的宇宙里的一小块空间来的，而不是从一个可能存在的奇特的点来的。

所以，我们可以得出这样一个结论：在距今138亿年前，宇

宙还只是篮球大小的一块小面团，在万有引力这个看不见的烤炉里，它不断地膨胀，变得巨大，有了无限的空间，有了太阳，有了星星，有了月亮，有了地球，有了万物。

宇宙大爆炸理论从何而来呢？是先民们坐在草地上看着星星构想出来的吗？当然不是，科学与远古神话故事之间的根本性不同在于科学有逻辑推理和理论来支撑。宇宙大爆炸理论，其中最根本的科学理论依据就是艾萨克·牛顿的万有引力理论与阿尔伯特·爱因斯坦的相对论。

在牛顿看来，地球之所以能够不停地绕着太阳旋转，是因为受到了一个看不见的力的牵扯，这个力就是万有引力。当然，我们感受不到太阳与地球之间的万有引力，但我们可以感受到地球与我们自身之间的万有引力。比如当我们跳起来的时候，地球会把我们拉回地面。

万有引力定律表明，物体的质量越大，受到的万有引力就越强。比如，胖子所受的重力大，瘦子所受的重力小；再比如，一

· 胖子所受的重力大,瘦子所受的重力小

个人提一大桶水会比较吃力，提一小桶水就没那么吃力。

1915年，爱因斯坦建立了关于空间和时间的广义相对论，即空间和物质、时间和物质之间是相对的，物质不是一成不变的，空间和时间也不是一成不变的，它们之间有着血肉相连的关系。关于相对论，书中会有独立的篇章进行解释，现在就不赘述了。

在广义相对论的基础上，爱因斯坦又发现宇宙不可能永远静止。他想到了这样一个问题："既然牛顿可以通过万有引力来研究宇宙、思考宇宙，那么我为什么不能通过相对论来研究宇宙呢？既然万有引力跟物质的多少有关，那么空间是不是也跟物质的多少有关呢？"

通过不断地解方程，他发现，宇宙不是一成不变的，不像亚里士多德认为的那样是静态的。宇宙应该是无法保持静止的，空间是随时随刻变化的。可是当时的天文学观测并不支持这个观点，而是认为我们看到的星空与亚里士多德想的一样——亘古不变，未来也不会变。爱因斯坦因此对自己的理论产生了疑问，还写了一两篇错误的论文，后来，爱因斯坦将其称为自己最大的错误。

非常幸运的是，就在爱因斯坦为此烦恼了几年之后，美国著名天文学家爱德文·鲍威尔·哈勃发现了宇宙膨胀，印证了爱因斯坦的理论。哈勃是研究现代宇宙理论最著名的人物之一，也是星系天文学的创始人和观测宇宙学的开拓者，被称为星系天文学之父。

20世纪30年代，哈勃在加利福尼亚理工学院所属天文台，用当时最大的天文望远镜——胡克望远镜观察到，银河系外还有一团团像银河系一样的星系，且这些遥远的星系正在远离我们而去——这对应着两个非常重要的事实：第一个事实是，宇宙要比银河系大得多。哈勃观察到，仙女座中的星云不是银河系的气体，而是一个完全独立的星系，这说明银河系之外还有更大的天地。第二个事实是宇宙的膨胀。哈勃发明了一种测量遥远星系与银河系之间距离的方法，他发现宇宙中的其他星系都在加速远离人们所生活的银河系。哈勃发现了宇宙膨胀，与爱因斯坦的广义相对论不谋而合，爱因斯坦也因此解开了心结，从此相信了宇宙是膨胀的。

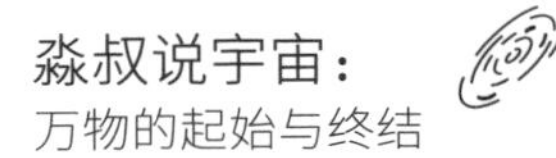

为什么要了解宇宙？
了解宇宙的起源，才能了解我们。

在那之后，宇宙大爆炸理论还经历了很长的证明过程。

1964年，阿诺·彭齐亚斯和罗伯特·威尔逊发现了宇宙微波背景辐射；1992年，COBE宇宙背景探测者卫星对宇宙微波背景辐射的观测结果为宇宙大爆炸理论进一步提供了依据。

因此我们可以说，"宇宙膨胀说"是建立在爱因斯坦的理论基础上，并经由哈勃的观测实验等一系列科研结果而不断得到论证的。

既然宇宙是膨胀的，那么这种膨胀必然有速度。比如一辆汽车以每小时100千米的速度离我而去，现在它距离我100千米，那么一小时之前它在哪里？这个问题用简单的逻辑推理就可以得出答案：如果它是在一条高速公路上，没有遇到其他障碍，也不曾中途停留，那么一个小时之前它一定是跟我在一起的。

由此我们可以推测出，那些现在离我们很遥远的恒星和星系其实在138亿年前与我们离得非常近。当时，万物都挤在一个狭小的空间里。

· 汽车一小时前的位置可以推测出来

根据爱因斯坦的相对论，我们可以继续想象宇宙是一个正在被烘烤的面团。就像面团会因为受热不均而呈现不同的膨胀程度，从局部看，宇宙膨胀时的物质分布也并不是完全平均的，有质量疏散的星系，也有质量比较集中的星系。而在它们之间，是几乎没有质量的真空。

那么有人会问：宇宙的爆炸有没有一个中心？这个问题其实源于一个错误的看法。

宇宙并不是从一个点爆发的，它的每一寸空间都是从一个更小的空间发展而来的。古人有很多类似的错误认识，比如地

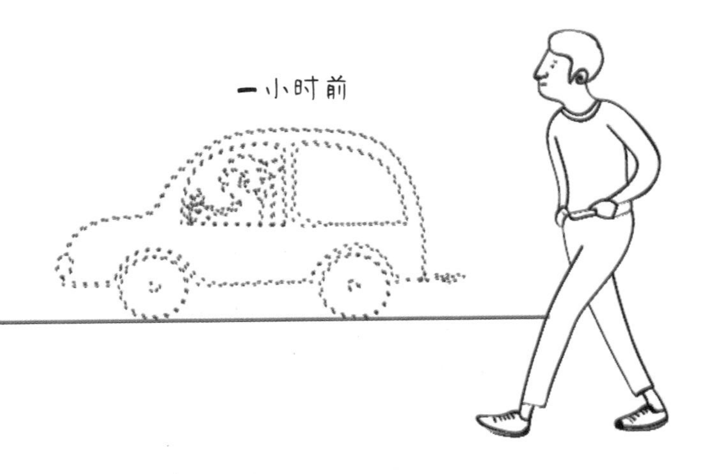

心说认为地球是一切的中心，由此自然而然地认为宇宙是地球膨胀的结果。

而事实并非如此。按照大爆炸理论，如今浩瀚宇宙中的一切都来源于138亿年前的一小块空间，太阳、地球、月亮以及银河系中的其他天体，银河系之外的其他恒星、星系，都是从各自的一小块空间发展而来的。

二、宇宙的起源与我们息息相关

根据目前的一些证据，人类诞生于500万年前，而人类赖以生存的地球却诞生于45亿年前。那我们研究138亿年前宇宙的诞生有什么意义呢?

在我们的身体里，不光有水，还有钙、钠等比较重的元素，这些元素正是在宇宙的演化进程中慢慢形成的。因此，追溯人类生命的起源，就必须要追寻宇宙的发展过程。

45亿年前，地球诞生了。地球最初的形态仅仅是太阳之外的一团分子云，随着太阳的燃烧，这团分子云也开始发热，变成一团岩浆。经过漫长的演化和万有引力的牵扯，45亿年前，这团岩浆形成了一个球状的物体。为什么是球状的？大家都知道水滴是球状的，因为水滴表面有张力，而地球是球状的，是因为地球有万有引力。我们看到太阳、水星、金星、月球等等都是球状的，也是同样的道理。

地球诞生后，经过了10亿年才冷却下来，然后地球上开始有生物诞生。最初，地球上只有单细胞生物，经过十几亿年的漫长演变，多细胞生物才出现。又过了很长时间，植物、动物也慢慢都出现了。接着，恐龙出现了。

恐龙灭绝之前，人类的元祖哺乳动物一直过着昼伏夜出的生

· 分子云经发热变成岩浆，并形成球状物体

活。那时世界上只有小型哺乳动物，像老鼠一样大，它们怕被恐龙吃掉，于是白天就待在岩穴里面，到了夜晚才出来觅食。恐龙消失以后，小型哺乳动物慢慢成长壮大，后来出现了各种中型动物和大型哺乳动物，例如猴子、老虎、狮子、大象等等。

你可能会感到疑惑：这些动物与138亿年前宇宙的起源有什么关系？

要知道，人类从古猿进化而来。在我们人类的身体里面，不光有水，还有钙、钠等比较重的元素，这些元素可不是一开始就有的。宇宙大爆炸的时候，宇宙中只存在非常轻的元素，比如氢、氦、锂这三个最轻的元素。此后，经过太阳在形成过程中的燃烧，才慢慢产生出一些重的元素。

这就像是用大火炉炼钢，可以炼出其他重的元素，但是我们身体里一些重的元素是炼钢也炼不出来的，它们都来源于比我们现在的太阳更加古老的太阳所发生的超新星爆发。超新星在爆发的那一刻产生了一些重的元素，这些元素组成了一团气体，在万有引力的作用下慢慢形成了新的太阳，我们现在的太阳就有可能是第二代或第三代太阳。在这个新的太阳以及我们的地球里面，也就包含了重的元素，由此才诞生了植物、动物以及人类。

所以，人类与宇宙息息相关，这是毋庸置疑的。

至于人类是如何进化的？单细胞生物又是如何向多细胞生物进化的？太阳及其他星球是如何形成的？宇宙微波背景辐射是什么？这些浮现在你脑海中的问题，本书将在之后的章节试图做出更细致的解答。

第2章 宇宙暴涨

我们在上一章介绍了传统的宇宙大爆炸这一起源理论。然而，这种传统理论有着无法解释的三大难题，那就是：宇宙的边界是什么？宇宙外面有什么？宇宙是否会一直膨胀下去？在这个章节中，我们将试图就这些问题及其相关的理论进行介绍。

一、古斯的暴涨理论与宇宙三大难题

从宇宙大爆炸理论诞生至今，学界与各界天文爱好者一直对其抱有争议。宇宙大爆炸真的是宇宙的起点吗？它能解答人类一切关于宇宙初始状态的疑惑吗？

大爆炸理论确实缺乏对某些问题的解释。多年来，科学家们也在试图弥补大爆炸理论的缺陷，或研究出更完整、更有说服力的宇宙理论模型。但至今为止，大爆炸理论依然是既符合广义相对论，又能解释哈勃膨胀和宇宙微波背景辐射的唯一理论模型。

1979年，阿伦·哈维·古斯提出了暴涨理论，解释了最初的宇宙大爆炸理论所面对的三个难题：空间平坦问题、磁单极问题以及视界问题。古斯是一位看上去很典型的书呆子，骨子里也有点极客的味道。2005年，他获得《波士顿环球报》的“最脏乱办公室奖”。这个奖每次只评一人，可见他的办公室乱到什么程度。

言归正传，我们回到古斯的暴涨理论，首先来了解空间平坦问题。

如果你站在地球上看，就会发现空间的物质是不一样的，比如地面上有土、山石，离开地面有空气；如果你坐飞机向上飞，就会发现外面的景象越来越清晰，因为空气越来越稀薄。这说明，地面上的物质比较多，靠近地面的空气比较厚，离开地面越远空气越稀薄，到了400千米以上，几乎就没有空气了。宇宙空间的物质分布也是如此。

从局部来看，整个宇宙空间的物质分布看似是不均匀的，物质密度分布倾向于在部分区域比较集中。比如，从地月系来看，物质就集中在地球上；从太阳系来看，物质就集中在太阳上，太阳占了整个太阳系的99%的物质比；从整个银河系来看，银河系所有物质的平均分布密度要比太阳系的小，因为物质是一团一团的，集中在星体周围。如果你走出银河系，看到其他星系，就会发现星系之间几乎没有任何物质，或者偶尔会有一些分子云。

· 太阳占了整个太阳系的99%的物质比

但如果我们放眼到众多星系，也就是跳出宇宙的局部来看，就会发现在整个宇宙中，物质分布平均下来是一样的。就像我们近距离看大海，会看到海面的浪花，可是如果乘飞机上升到10千米高空处看，就会发现海面是平静的，没有哪个局部的水面会与众不同，而宇宙空间便是如此。

20世纪60年代，普林斯顿的物理学家罗伯特·亨利·迪克前往康奈尔大学演讲，内容就是关于宇宙学中的空间平坦问题。

平坦问题可以被形象地形容成这样：在晴朗无风的一天，你在大海中巡航，站在一艘游艇的甲板上眺望远方。你会发现，你能够看到的远方并不是特别遥远，在你的四周，目光所能及的海面形成一个圆。受人的视觉直径所限，它的长度，也就是这个圆的半径只有5千米左右。

事实上，我们站在岸边所眺望到的地平线或海平线，也就是这个圆。这个圆之内的海面当然只是地球整个球面的极小部分，原则上它不是平的，是微微向上凸起的球面，但是由于这个圆的半径只有不到地球半径的千分之一，因此看上去基本上是平的。

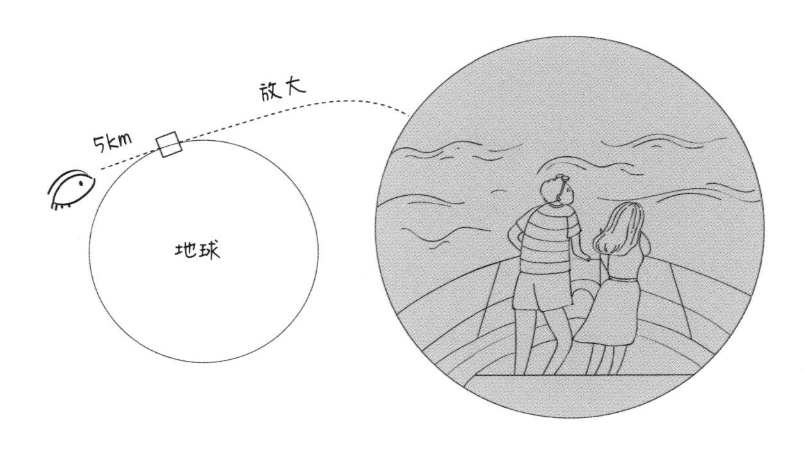

· 我们目光所及的海面形成一个圆

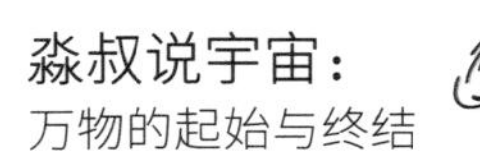

迪克提出，在宇宙的诞生初期，时间越早，宇宙看上去越平。也就是说，即使宇宙可能并不是平坦的，但整体上，它的平整程度就像上文示例中的那块很小的海面，看上去几乎就是平的。否则，宇宙不可能膨胀到今天这么大（直径超过了800亿光年）。

当时，正在康奈尔大学上学的古斯去听了这场演讲，由此开始思考：早期的宇宙为什么非常均匀、平坦，比如今的宇宙还要均匀？

后来，古斯得出了一个答案。他认为，宇宙在变成篮球那么大之前，出现了一次惊人的膨胀，现在被称为暴涨。在这一瞬之中，宇宙在某种神秘能量的驱动下暴涨了一百亿亿亿倍。

这个数目非常大，大约是10千克物质中所含的原子数目。如果我们将质子的直径放大一百亿亿亿倍，质子就变成了以太阳为球心、恰好能包住地球绕太阳轨道的巨大的球体。也就是说，在古斯提出的暴涨发生之前，宇宙的半径只有质子半径的一万亿分之一。

而宇宙的这个状态也只存在了极短的时间，只存在了一亿亿

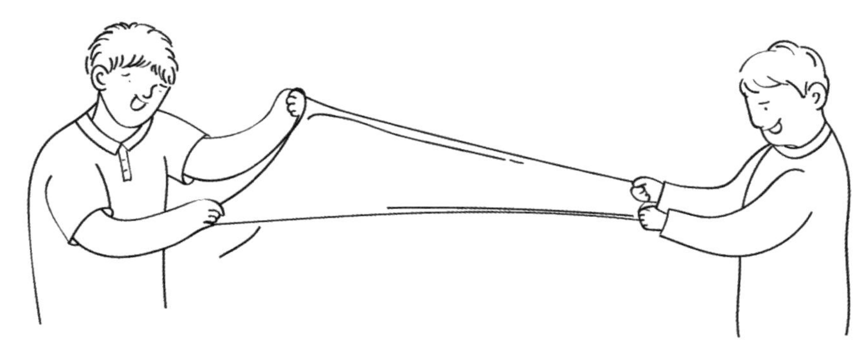

· 宇宙暴涨就好像把一张皮拉大

亿亿分之一秒。也就是，在这么短的时间内，宇宙经历了一个惊人的暴涨。这么来看，宇宙可能本来是不平坦的，经过暴涨后一下子就被拉得平坦了。这就像把一个皮球剪开后揉皱，然后突然把这块皮拉大，拉到1米甚至100米，这块皮就会变得非常平坦和均匀。

因此，宇宙经过这个极短时间内的极速放大，不论它一开始是什么状态，结束后一定就会变得均匀、平坦。这就是阿伦·古斯的暴涨理论。

古斯在康奈尔大学做博士后研究期间，美籍华人物理学家戴自海当时也在那里做助理教授，古斯把这个理论拿给戴自海看。戴自海觉得这是一个非常神奇的暴力美学理论，他非常赞同这个理论，因为它帮助他解决了另外一个问题，即关于宇宙的又一大难题——宇宙中为什么很难看到磁单极。

我们知道，磁铁中有南北极，如果我们把磁铁切成两半，它依然有南北极，也就是并没有单独的南极和北极的存在。而古斯的理论帮助戴自海解决了这个问题，即：如果宇宙是从一个比质子还小的空间一下子被拉成篮球大小，那么就算一开始存在着单独的南极和北极，也在这个急速暴涨的过程中被丢到它所在的这

· 南北极永远相伴出现

一块宇宙空间之外去了。

换而言之，经过急速的暴涨过程，在宇宙每一个可观测部分里剩下的磁单极子，数量少到无法被我们观测到。所以我们在这个宇宙里看不到单独的南极或者北极，南北极永远是相伴出现的。

古斯的暴涨理论解决的关于宇宙大爆炸的第三个难题是视界问题。当我们从任何方向观察宇宙，都会发现光线的温度是一样的。根据COBE卫星的观测，宇宙具有各向同性的属性。但是根据宇宙学扰动理论，张角大于2度的区域之间无法发生交流。

既然宇宙各空间之间不存在必然的信息传递，怎么会这么巧合地拥有相同的温度等性质？这就是视界问题。暴涨理论对此给出一种解释：即在宇宙诞生初期，暴涨发生之前，宇宙被各向同性的标量（无向量）主导，拥挤在一小块的各区域彼此接触并拥有着因果联系。

总的来说，古斯的暴力美学神奇地解决了传统大爆炸宇宙学中的三大理论难题，即，宇宙为什么看上去这么均匀，就像一开始有上帝之手做过设计，宇宙在早期为什么是平的，宇宙中为什么很难看到磁单极，至少现在还没有看到。

故事就这样到了励志的部分：经过多年的颠沛流离、找不到稳定的工作之后，古斯一下子获得了母校麻省理工学院的副教授位置，而且是永久的。

关于古斯在20世纪80年代初的火爆程度，有以下两个故事能够说明。

第一个故事涉及著名理论物理学家史蒂文·温伯格。这个人在理论物理界大名鼎鼎，可以说是20世纪30年代出生的最有名的理论物理学家，也是粒子物理学界的领袖。据说，他向来目空一切，既不在乎别人怎么样，也不在乎别人的感受，唯一在乎的是自己有没有做出最好的研究，如果在某一段时间某人做出的研究比他好，他会很嫉妒。

1979年，正是温伯格和格拉肖以及萨拉姆一起分享诺贝尔物理学奖的一年，他正在将部分精力投入研究宇宙学。在听说古斯的理论之后，温伯格表示很不屑，又有点焦虑，原因是这个理论不是他提出来的。

后来，我在一个场合听莱昂纳德·萨斯坎德的演讲，在演讲中他回顾了20世纪80年代初期参加的学术会议，提起只要有古斯在场，他的学术演讲总是被古斯的演讲风头盖过。

第二个故事是古斯获得教职的经历，这个故事古斯本人也在自己的书中有所描述。1980年，他的理论已经在物理学界散布开来，尽管他的论文并没有正式发表。很多大学给他电话，希望他加盟。

一天，他的母校麻省理工学院也来了电话，希望他回去做助理教授。古斯放下电话，征求戴自海的意见。戴自海说，你直接跟他们要副教授兼永久位置吧（在哈佛大学和麻省理工学院，即使是副教授往往也不是永久位置，更不用说助理教授了）。于是古斯立刻回电话，要求永久位置。麻省教授当即开会讨论他的要求，一致同意请他来做永久副教授。就这样，古斯1981年去了麻省理工学院，再也没有离开那里。

二、宇宙的边界

现在我们已经知道，宇宙就像一个面团，在面包炉里经过烘烤膨胀成一块面包。而按照古斯的理论，宇宙在成为“面团”之前，是一个只有质子的一万亿分之一的空间。无论是“面团”，还是那个极其微小的空间，都是有体积概念的，即便现在宇宙已经膨胀成“一块面包”，我们也要注意，我们说的是“一块”面包，而不是“无限大”的面包，这就说明宇宙是有边界的。

也许你会问：宇宙的边界是不是像房间里的一堵墙一样？墙外是什么呢？

这就涉及三个问题：宇宙的边界形状是什么？如果宇宙有边界，那么宇宙之外是什么？宇宙继续膨胀下去还会发生什么？

宇宙暴涨

1.宇宙的边界形状

我们无论往宇宙中的哪个地方看过去，都是需要时间的。例如，太阳距离地球1.5亿千米，光速每秒近30万千米，那么太阳光到达地球需要8分钟时间，我们此刻观测到的天空中的太阳，是8分钟之前的太阳。

我们知道，光速是有限的。如果从宇宙大爆炸开始计算，光跑了大概138亿年，那么理论上我们能看到的最远的光就是138亿年前发出来的。我们用“光年”来表示光在宇宙真空中沿直线跑一年的距离，所以138亿年前发出的光跑到我们这个地方，它与我们的距离就是138亿光年。

宇宙现在的半径是400多亿光年，如果光只跑了138亿年，宇宙为什么会有这么大的半径？这是因为，宇宙是不断膨胀的。假设宇宙是一条跑道，把光看作跑道上的运动员，光一边跑，宇宙一边膨胀，那么对于光来说，跑道是不断扩展的。当光从原先的起点跑到原先的终点时，这条跑道已经膨胀得更长了。

科学家用望远镜观测其他星系离我们远去的速度，以此来计算宇宙膨胀的速度。结果表示，宇宙的膨胀速度也是很快的。

经过计算，当光跑了138亿年的时候，宇宙已经膨胀了3倍。用3乘以138亿年就等于400多亿年，这意味着，我们对宇宙的观测的最大尺度是400多亿光年。

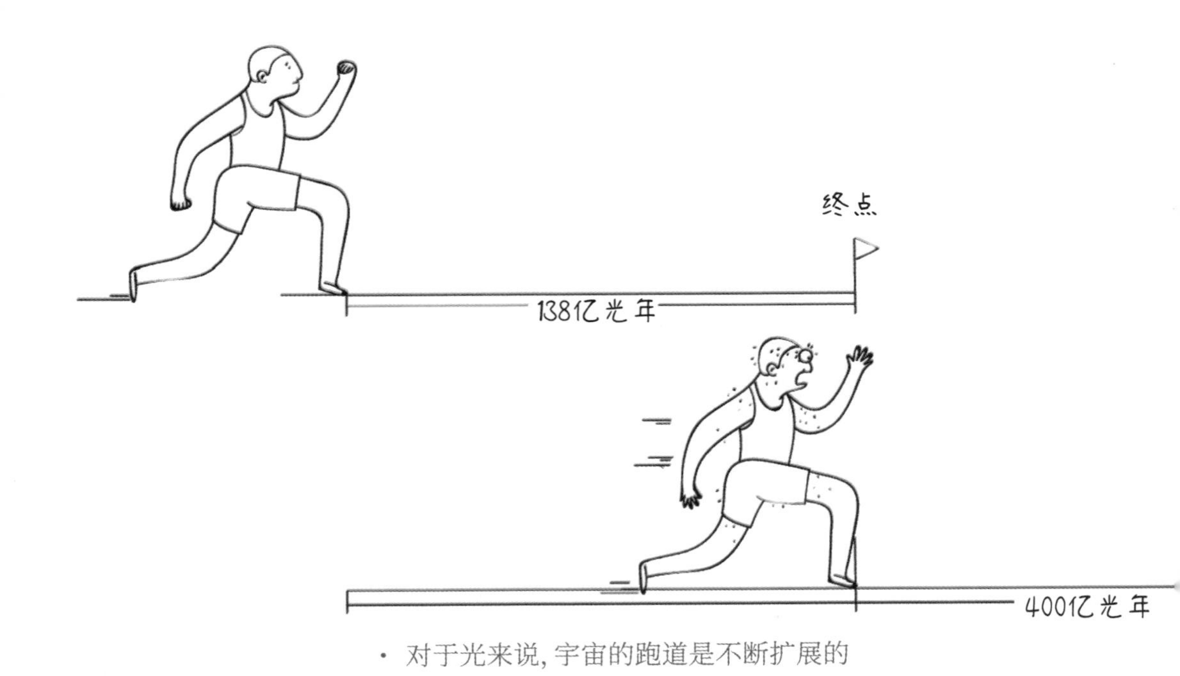

· 对于光来说，宇宙的跑道是不断扩展的

2.宇宙之外是什么

既然我们对宇宙的观测局限于400多亿光年的尺度，那么问题就来了：可观测的宇宙之外是什么?

这是天文学家、物理学家们也想知道答案的问题，但是因为我们的目力所及有限，所以科学家暂时也没有办法得到答案。

然而，物理学家们对此有过一些猜想。

第一种猜想认为，宇宙之外存在着我们目前没有办法确定的构造，它们的形态可大可小、千奇百怪，同时又拥有着惊人的能量，超乎人类想象。这种猜想源于天文学家在2008年的发现——我们的宇宙中有一些成团的物质正以极高的速度运动。

极高的速度到底有多快呢？众所周知，光速是每秒近30万千米，而这些成团物质的运动速度高达每小时100多万千米。同

时，这些成团物质是向着相同的方向运动的。

天文学家将这个现象称为“暗流”。他们认为，暗流的出现，是由于宇宙之外的巨大构造带来的巨大引力影响了我们的宇宙；正是因为这种影响，让我们能够推测出这些构造的存在。

第二种猜想认为，在我们的宇宙之外的巨大空间中，存在着很多泡泡，每个泡泡是一个宇宙，我们的宇宙就是其中一个泡泡。

· 我们的宇宙是其中一个泡泡

这些泡泡又是从哪里来的呢？科学家们猜想，大爆炸后的宇宙自身不断膨胀，这个过程会形成很多泡泡，而每一个泡泡又形成了一个新的宇宙空间。

根据这个猜想，我们可以想象，我们其实生活在一个巨大的泡泡里，泡泡的边界是透明的，既看不到也摸不到。在这之外还存在着无数个泡泡，同时，每一个泡泡宇宙又具备它自身独特的运行法则。这些物理法则与我们的是否都一样呢？那就需要科学家长时间的发现与探究了。

或许你会问：如果我们可以发明并制造出速度足够快的宇宙飞船，人类是不是可以飞出我们所生活的泡泡，去寻找一个新的泡泡呢？答案可能会让人失望——即使我们能够逃出现在赖以生存的这个泡泡，但是泡泡外的空间依然在膨胀。我们永远追赶不上其他泡泡离我们远去的速度。

还有一种猜想是平行宇宙。平行宇宙就是与原宇宙同时存在的、有着相似的特征又具备不同个性的其他宇宙，它们从原有的宇宙时空中抽离出来并和原宇宙平行存在。

根据这个理论可以猜想，很有可能存在着与我们的宇宙环境相类似的宇宙，它也有自己的太阳系、银河系以及地球。这个理论与“平行时空说”类似：在许多平行时空里，可能有千千万万个你；在同一时间，你所做的事情与在别的平行宇宙里的“你”所做的事情是不一样的，比如现在的你在上班工作，但是别的平行宇宙里的“你”正在洗衣做饭。同样地，已经在我们地球上灭绝的恐龙，可能正在别的平行宇宙里统治世界。

宇宙之外的东西就像我们从未谋面的邻居。或许有一天，我们可以通过他发出的一些信号来了解他是一个什么样的人。我们也期待科学家们观测或捕捉到来自宇宙之外的信号，或许那时就可以知道宇宙之外到底是什么样子、存在什么样的物质、有着什么样的星系、住着什么样的居民。

3.宇宙再膨胀下去会发生什么

目前的主流观点认为宇宙一直在膨胀，那么宇宙继续膨胀下去会发生什么？

1998年，天文学家们发现，宇宙不仅在膨胀，而且还在加速膨胀。科学家们据此提出一种假说，认为加速膨胀是宇宙中的暗能量驱使的。这些暗能量在未来会一直存在吗？它会不会变大或者变小？

科学家就此提出了三种可能性：

（1）暗能量会一成不变

宇宙会和现在一样一直加速膨胀下去。这就像一块面包，如果一直烤下去，面包会变得越来越大，但面粉的多少是固定的，所以面包的质地会变得越来越疏松。我们现在看到的满天星斗，或许在两三百亿年以后都会消失，就像面包里的面粉会变得越来越稀薄一样。

（2）暗能量越来越小

暗能量终有一天会消失，那么宇宙的膨胀可能就会停止，于是宇宙可能会静止，也可能会重新收缩。

（3）暗能量越来越大

如果暗能量越来越大，宇宙膨胀的速度、加速度就会越来越接近无限大，那么在未来的某一个时刻，宇宙中所有的点就会被撕开。

我和几位同事以及学生曾经在英国的《每日邮报》上发表过一篇论文，我们在文章中做了这样一种可能性的预言：有一天，你突然看不到星星和太阳了，因为太阳被撕开了；接着，连月亮都看不到了；后来，中国看不到美国，北京看不到上海，妻子看不到丈夫，左手看不到右手……所有的东西，全部都被撕开了。

以上情况都是有可能发生的。我们期待着天文学家在未来能观测到宇宙中的这些看不见的能量，那时我们就可以知道，它们到底会发生怎样的变化。

宇宙大爆炸理论告诉我们：我们生存的宇宙起源于一个有限大的空间，在此之前发生过暴涨，再之前还发生过什么则不得而知。可能这个宇宙只是更大的宇宙里的一小部分，就像俄罗斯套娃中的一个小套娃，在它外面还存在着更大的一层套娃。

小时候，我就听大人讲过一个故事，这个故事非常像宇宙。“从前有一座山，山里有一个庙，庙里有一个老和尚。有一天，老和尚给小和尚讲故事：从前有一座山，山里有一个庙，庙里有一个老和尚。有一天……”

这是一个俄罗斯套娃式的故事。和套娃不同的是，套娃是空间上的嵌套，而这个故事是用时间来嵌套，可以一直讲下去。其实，我倒是在这个故事中发现一个很有意思的现象：在不知道如何开头时，人们通常会将开头往前推一步；在不知道原因时，人们也习惯将原因归为类似结果的已经发生的事情。

在古代，很多原始文明对于宇宙的想象就是基于这个原则。那么，物理学家也在应用这个古老的策略吗？

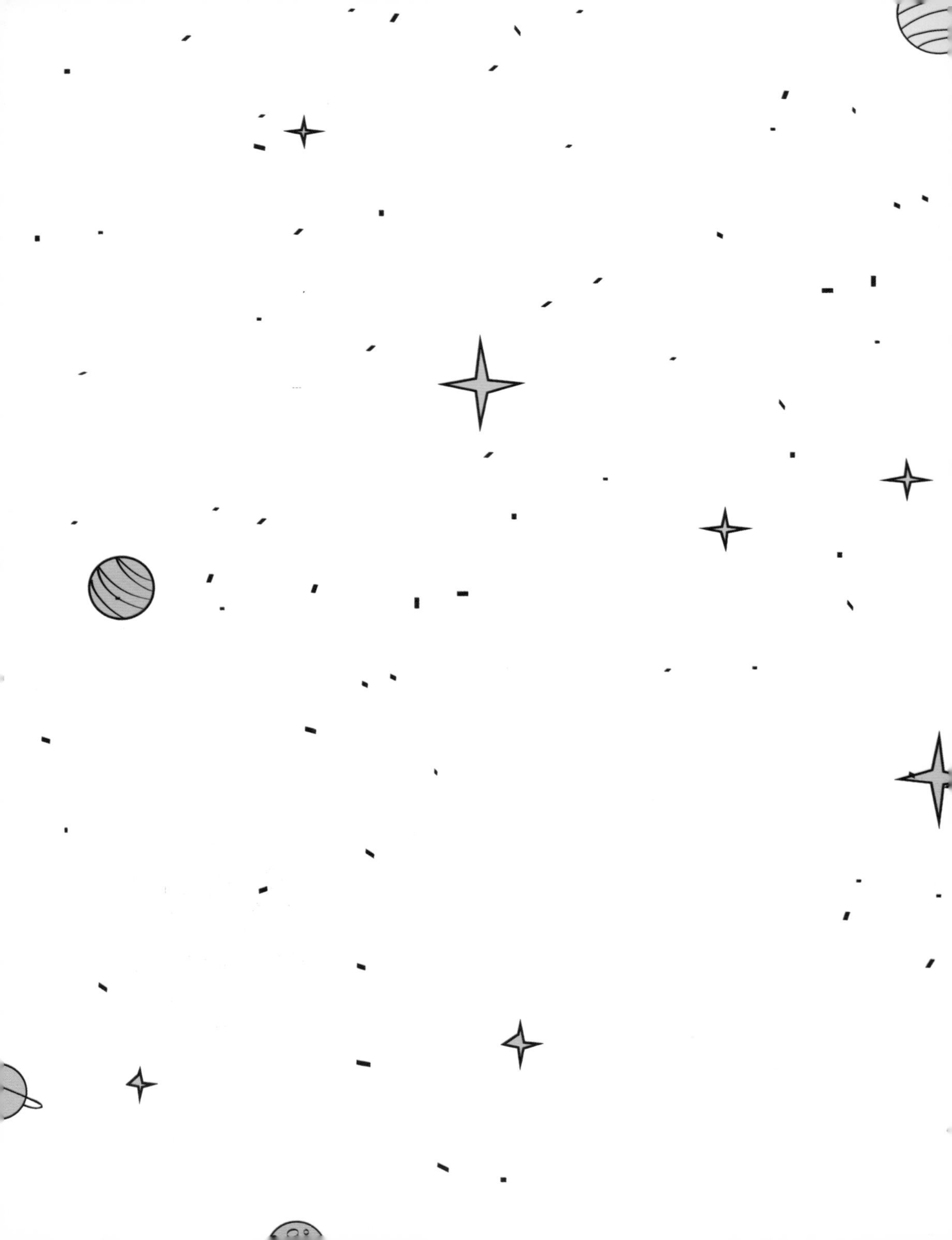

第3章 星球诞生，生命起源

宇宙中的物质是从哪里来的？太阳是如何诞生的？为什么所有星球都是圆的？地球上的生命又是如何诞生的呢？

一、宇宙中的物质从哪里来

我们谈宇宙大爆炸的时候用了一个比喻：用面包炉烘烤面包。烤面包首先需要一个面团，而面团的主要成分是面粉。如果大爆炸之前的宇宙也是一个“面团”，那么它对应的“面粉”就是一团炽热的气体。前文介绍过古斯的暴涨理论，人们发现，暴涨理论还可以解释这一团炽热的气体的来源问题。

之前提到，宇宙在一瞬间，也就是一亿亿亿亿分之一秒的时间内，暴涨了一百亿亿亿倍。这个过程是由巨大的能量驱动的。暴涨结束，这个巨大的能量就转化成了一团炽热的气体。

经过推算，物理学家发现了这个现象：当把宇宙中所有的物质压缩到一个篮球大小的体积之内时，其温度会变得非常高，高到难以想象的程度。反之，当宇宙体积膨胀的时候，这团炽热的气体的温度会降低。

这个过程很容易想象，假设你手里有一个气球，你不向气球里面吹气，而是把它拉大，向外拉扯的过程就相当于对外施加一个压力，也就是在向外面输送能量，因此气球里面的气体的能量会越来越少，同时，气体温度也会降低。同理，物理学家经过测量，发现宇宙每膨胀10倍，温度就降低至原来的十分之一；宇宙每膨胀100倍，温度就降低至原来的百分之一。

那么到了今天，宇宙整体的温度是多少呢？这里我们所说的温度不是天体的温度，因为无论是太阳、地球、月亮，还是其他任何天体，它们表面的温度都是不一样的。而这些天体之外，存在着我们用肉眼看不见的光，它们是一种微波。我们所说的宇宙整体的温度，指的是这些电磁波的温度。

20世纪60年代，一些科学家用射电望远镜（雷达）无意中发现了这些电磁波，它们就是宇宙的微波背景辐射，在宇宙中无处不在。经测量，这种电磁波的温度大约是2.7K。这里说的“K”是开尔文单位，指的是绝对温标，而不是我们所熟悉的摄氏度。2.7K意味着它的温度比0℃的冰还要低270.45℃。

我们刚刚说过，宇宙每膨胀10倍，温度就降低至原来的十分之一。在此基础上进行倒推，宇宙每缩小至原来的十分之一，温度就应该提高10倍。也就是说，当宇宙只有现在的十分之一、半径只有40亿光年的时候，宇宙的温度应该是27K；宇宙的体积是现在的百分之一的时候，它的温度就是270K，和冰的温度差不多。往前继续推导，就可以推导出宇宙在大爆炸那一刻的温度。

因此，宇宙中物质的来源，就是驱动宇宙发生暴涨的巨大能量转化成的气体的能量。

我们可以总结一下：宇宙在暴涨时期，有一个巨大的能量驱动着暴涨，根据能量守恒定律，这部分能量在暴涨结束的一刹那，就转变成了“篮球”中炽热气体的能量，气体中的每个粒子都携带着能量——这就是物质的来源。

第 3 章

星球诞生，生命起源

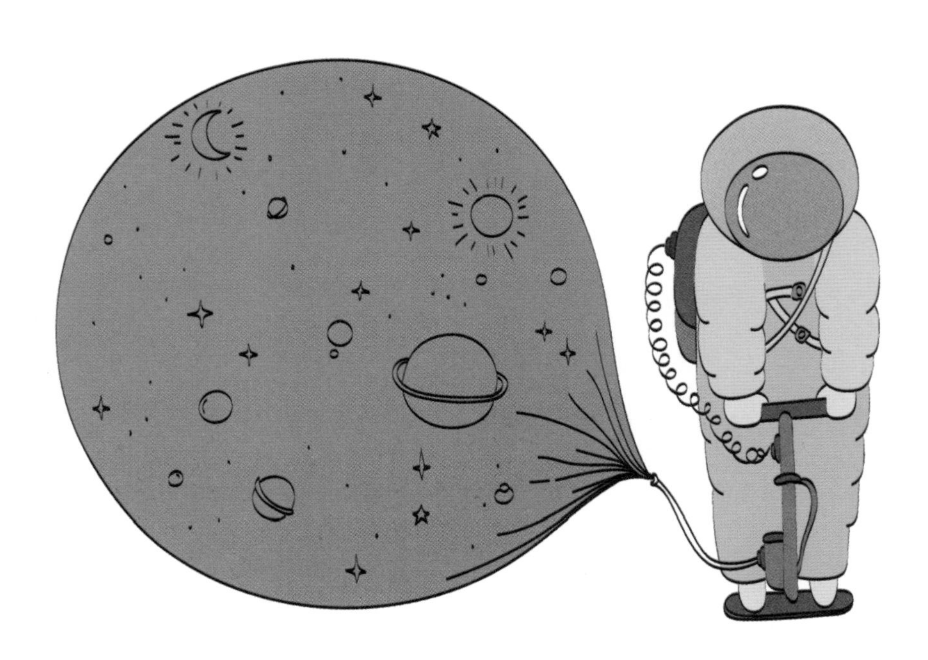

· 有个巨大的能量驱动着宇宙暴涨

二、太阳是如何诞生的

了解了宇宙中物质的来源，那么恒星是如何诞生的呢？

天文学家通过观测发现，宇宙中所有的天体以恒星最为古老。经过几亿年的膨胀，宇宙冷却下来，但冷却并不意味着内部没有活动。受宇宙内部活动的影响，这些炽热的气体分布得并不均匀，温度降下来以后，有些地方气体多一些，有些地方则少一些。在万有引力的作用之下，一些气体就会收缩成一团物质，在收缩的过程中，其温度又会迅速升高，一直高到能引爆热核聚变。于是恒星就被点亮、发光，形成了现在我们抬头就能看到的一些星星。

今天可以观测到的星星，有的是在宇宙诞生几亿年的时候形成的，有的则像太阳一样，是更晚的时候形成的。科学家已经计算出，太阳和地球的年纪差不多，是45亿年；也就是说，当宇宙刚刚诞生的时候，太阳并不存在。

最早的一些恒星很大，里面含有的物质很多，有可能是太阳的10倍、100倍。恒星越大，物质越多，燃烧得就越剧烈，因此寿命相对来说也会比较短。恒星燃烧到最后会爆炸，这就是我们通常说的超新星爆发。

超新星爆发后，外层的物质被抛射出来形成一些分子云，经过很多年的演变，这些分子云再次收缩，形成新的天体。其中有一些就形成了新的恒星，例如太阳。

早在1054年，中国宋代就有过一次超新星爆发。这次爆发的遗迹直到现在依然可以看到，也就是我们所熟悉的蟹状星云。

《宋会要》记载："嘉祐元年三月，司天监言：客星没，客去之兆也。初，至和元年五月，晨出东方，守天关，昼见如太白，芒角四出，色赤白，凡见二十三日。"《宋史·天文志》也有记载："至和元年五月己丑，（客星）出天关东南，可数寸，岁余稍没。"

上述古文翻译成白话文的意思是，在宋朝的至和元年五月，按公元纪年法换算就是公元1054年7月，在东方角宿二星的位置，即文中的"天关"，也就是现在我们称为金牛座的方位，突然出现一颗耀眼夺目的星星。它在最亮时的亮度达到了太白星那么亮，也就是现在的金星。肉眼可以观测到这颗"客星"的时间竟然长达21个月，直到1056年4月，它才消失不见。在人们可以肉眼观测到这颗客星的日子里，其中有23天，即使在白天也能看到它的光辉。因为这段历史记载，它被称为“中国新星”。

600多年之后，在世界的另一端，英国的一位业余天文学家约翰·贝维斯在金牛座附近观测到了一团云雾形状的模糊天体。这团云雾状天体后来在法国天文学家梅西叶1771年编制的星表中被编为第一号天体，编号M1。19世纪，英国的罗斯伯爵观测到，这个云雾形状的天体具有纤维状结构，就好像螃蟹的大钳子，从此，这个天体被称为“蟹状星云”。

到了20世纪初，天文学家们发现蟹状星云在不断地膨胀。1929年，美国天文学家哈勃提出，蟹状星云大约是900年前的一颗超新星爆发产生的，这与中国宋朝天文资料上的相关记载吻合。可以推想，50亿年前，太阳还没有形成的时候，应当存在过一团星云，而这团星云是上一个更大的恒星在超新星爆发的过程中抛射出来的。

三、地球上的生命是如何诞生的

45亿年前，地球是一个非常炽热的液态球体，之后才慢慢地冷却和凝固。直到35亿年前左右，地球上才出现了生物，这些生物是以非常简单的生命形式出现的——单细胞生物。换句话说，一个细胞就构成了一个生命体。因此，虽然我们身上有众多细胞，但其实每一个细胞都可以单独成活，因为地球最初出现的生命就是以单独的细胞形式存活的。

生物从单细胞进化成多细胞花了十几亿年的时间，而且这个演变也是偶然的，据说多细胞生物是在深海里的火山口突然出现的。这是一个重要的节点，地球上从此出现了比单细胞生命更加复杂的生命。此后，又经过了漫长的时间，我们才在地球上看到了植物和动物。

生物进化相当关键的一步是由单细胞微生物向多细胞生物的转化，地球的生态面貌也因此有了很大的改变。

现在，无论是从数量、种类还是存活年龄上看，单细胞生物都占优势。那么，多细胞生物的优势又在哪里？为什么多细胞生物可以维持一种稳定的状态，不会向单细胞生物退化呢？

“分工合作”就是这些问题的答案。多细胞生物体内，许多细胞在发挥自己作用的同时又互相合作，这远比各个细胞独立存活更有利，另一方面，这些细胞在合作的时候，也会因为有各自的分工而推卸责任。以蚂蚁为例：蚂蚁是群居动物，在蚁群中，只有蚁后才有繁殖虫卵的能力，繁殖虫卵就是它的工作；其他的工蚁没有产卵的能力，它们并不可能离开现有的蚁群出去“自立门户”。

多细胞生物之所以可以维持自身的稳定状态，得益于所谓的“棘轮效应”，它是指有利于群体存活细胞、但不利于单个细胞的某种特性，这个特性强有力地让单细胞生物演化为多细胞生物的过程成为不可逆状态。

那么棘轮效应是否有强弱之分呢？一般情况下，棘轮效应的强弱与细胞之间的信任度有关。在一个细胞群中，细胞间的信任度越高，棘轮效应也就越强。在科学书或者生物课上，我们经常会接触到“叶绿体”和“线粒体”这两个词汇，它们是存在于一种单细胞生物——衣藻体内的共生体；线粒体和叶绿体帮助衣藻

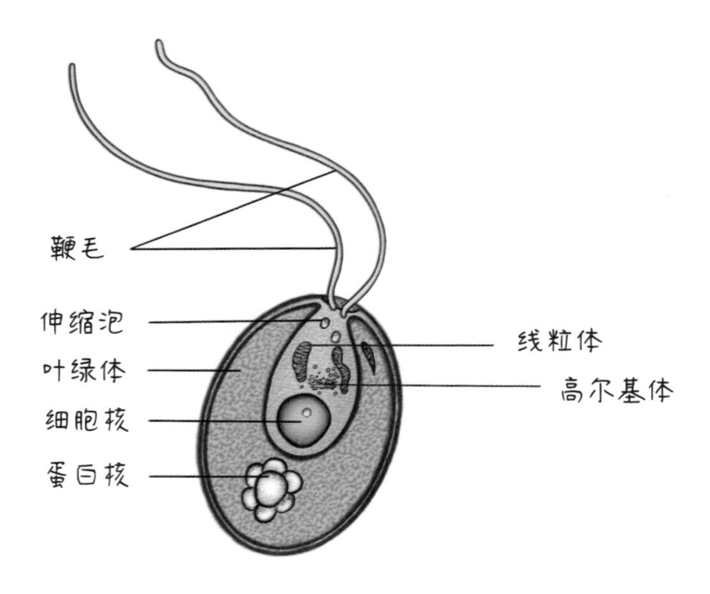

· 叶绿体和线粒体是存在于衣藻体内的共生体

进行光合作用，但是如果把这种共生体去掉，衣藻自身进行光合作用的能力就大大降低了。

然而棘轮效应是不存在于单个细胞中的，细胞群的生存条件远远强于单个细胞独自生存的条件。比如单细胞生物在死亡率升高的情况下更容易死亡，但是在一大群互相信任的细胞中，细胞凋亡率越高，就越有利于细胞群，因为凋亡的细胞可以为存活的细胞“让路”，让它们到生存条件更好、养分更充足的空间去。

如今，地球已经是一个多姿多彩的世界，这个世界里生活着各种各样不同的生命。如果我们信任分子生物学的研究，那就要相信一个非常令人惊讶的结论：地球上所有的生命都来源于同一个祖先——一个单细胞生命。而这个最早的单细胞生命是怎么来的依旧是一个谜。

这涉及生命起源问题中一个更加原始的问题：地球上的有机大分子，例如蛋白质是如何突然组成一条RNA（核糖核酸）DNA（脱氧核糖核酸），并最终演变成一个单细胞的？关于这个问题，生物学家还没找到答案。但是生物学家做了一些假设，比

- 灭绝顺序：植物→食草恐龙→食肉恐龙

如在有机的大分子之前存在有机的小分子，而在有机的小分子之前存在的则是无机物，但是这些假设到目前为止还没有得到证实。

在6500万年前以及更早，地球是由恐龙统治的。

关于恐龙灭绝的原因，有一个假说是核冬天理论。这个理论认为，曾经有一颗大型陨石砸到地球上，把大量尘土扬到大气层的平流层之上，尘土在平流层停留了一两年甚至更长的时间，阳光极少能透过大气层照到地面，因此大多植物无法进行光合作用，从而大批死亡。

植物的死亡导致食草恐龙等大型食草动物因食物匮乏而渐渐地消失，而食草恐龙的消失又导致食肉恐龙也因食物匮乏而渐渐消失。最后，大约50%的物种都灭绝了，只剩下鱼类和小型哺乳动物还活着，这些小型哺乳动物就是现在所有哺乳动物的祖先。

在恐龙灭绝后的1000万年里，在哺乳动物中，胎盘类动物的进化速度是恐龙灭绝前的三倍。因为食肉类恐龙的灭绝给了其他

哺乳类动物生存的机会，而食草恐龙的灭绝又留下了植物类的口粮和良好的植被环境。早期胎盘哺乳动物的进化发展受益于恐龙灭绝，在日常生活中，我们可以看到、接触到的猫、牛、刺猬、蝙蝠等动物，都是由早期胎盘哺乳类动物进化而来的。

当然，所有这些都是自然选择的结果。我们经常追问，像人类这样的动物在地球上是不是必然会出现？现在并没有确定的答案，因为我们还计算不出从一个比较低等的动物变成一个比较聪明的动物的概率有多大。而我的观点是，人类的出现是偶然的，一定是经历了某种基因突变。

第 3 章

星球诞生，生命起源

第 4 章

万物的基本——基本粒子

我们已经谈过了宇宙中的一些起源问题：物质的起源、太阳系的起源，乃至生命的起源。这些不免涉及一些与我们更加切身相关的问题。在科学家眼里，世界的万事万物都是由基本粒子构成的。在这一章中，就让我们来谈一谈基本粒子。

一、什么是基本粒子

我们已经了解到，138亿年前，宇宙空间里充斥着炽热的气体，这些气体的分布不是完全均匀的，有些地方密度比较高，有些地方密度比较低。密度高的地方，万有引力场更强，因此物质会更多地被吸引过来，汇集为团状，从而形成恒星。密度低的地方，万有引力场稍弱，其中的物质就会被引力强的恒星吸走，因此恒星和恒星之间就会出现真空，从而产生一种不均匀性。也就是说，在这团炽热的气体里面，有的地方基本粒子多一些，有的地方少一些。

太阳系的形成是由于物质的不均匀性，而物质的不均匀性则是由于构成物质的最小单位——量子的不确定性。因此，宇宙中有些地方形成了恒星，有些地方则形成了虚空。彻底的虚空是不存在的，构成世界的各种场时刻处于波动和震荡中，而组成世界的基本粒子，也在波动中不断产生和消失。

这里简单地说明一下量子的概念：量子不是任何一种粒子，而是不可被无限分割的最小单位的物理量。量子的不确定性至今依然存在于我们周围的真空中，换句话说，在任何真空里，随时随地都有粒子和能量的产生和消失，之所以看不到，是因为如今的宇宙环境与暴涨时期的完全不同。

在暴涨时期，宇宙迅速膨胀，量子的不确定性就被这种膨胀固定、放大了。比如，假设你手里拿着一杯水，摇晃杯子，就会看到水面出现波浪，就像河流、湖泊、海洋上面的波浪一样。这些波浪是随着时间变化的，有时候这个地方高一点，有时候那个地方低一点，它们随时变高或变低。而在暴涨时期，能量也有波浪，但是要把波浪高与低的地方固定下来，就需要把空间迅速地拉大。

如果我突然用一块硬纸板插进摇晃的水杯里，把水分成两半，那么无论我是否继续晃动它，原本水较多一些的那一半依然多，少一些的依然少，即，波浪的波峰和波谷被固定下来了，而

插纸板这个动作就非常像暴涨时期剧烈拉伸空间的动作。这样一来，密度高的地方和密度低的地方都被固定下来了。然而，科学家计算了一下，发现这种“波浪”，也就是前面我们提到的“不均匀性”，其实是非常微弱的，它的差异只有十万分之一。

· 量子的不确定性被固定了

我们已经了解，在宇宙的真空里面，随时随地都有粒子和能量的产生和消失，而构成世界的各种场也时刻处于波动和震荡中，组成世界的基本粒子也在波动中不断产生和消失。那么，什么是基本粒子呢？

古希腊的亚里士多德相信，宇宙中所有的物质都是由四种元素构成的——土、气、火和水，这像中国古代的五行学说——金、木、水、火、土。

现代的物理学家同样具有这种化繁为简的本领。他们不再深究地球的具体构造，却了解地球有多重、地球上各种元素的比例，甚至还有太阳中各种元素的比例、与太阳类似的各种恒星的元素比例等。然后，他们将这些知识化繁为简，得出主要结论：所有行星、恒星，甚至恒星之外的尘埃和分子云，都是由基本元素对应的原子构成的，而所有的原子是由原子核和电子构成的，原子核是由质子和中子构成的，质子和中子是由夸克构成的。

无法再度分解的电子和夸克被科学家称为基本粒子。在它们之外，还存在其他的基本粒子。粒子物理学家也花了近一个世纪才弄明白它们的基本构成。接下来，就简要地为大家介绍十三种基本粒子。

二、十三种基本粒子

1.电子

电子是被人类发现的第一种基本粒子。虽然我们肉眼看不见电子，但电子算是我们最熟悉的粒子了，老式的电视机荧光屏就是靠电子打亮的。

电子是在1897年由英国物理学家约瑟夫·约翰·汤姆孙在研究阴极射线时发现的。阴极射线是低压气体放电过程出现的一种奇特现象，早在1858年由德国物理学家普吕克在观察放电管中低压气体的放电现象时发现，只是当时科学家们还不知道它是由什么组成的。汤姆孙通过实验得出了结论：阴极射线是由带负电的物质粒子组成。这种带负电的粒子后来就被我们叫作电子。

汤姆孙还正确地估计了电子的电荷以及质量——电子的质量

大约是氢原子的两千分之一。

2.光子

光子的发现与光的研究历史有关。

17世纪末，牛顿提出“光的微粒说”，认为光是由粒子组成的，虽然同时期的笛卡儿、惠更斯等人认为光是一种波，但当时在学界依旧是牛顿主导的微粒说占上风，并主导了长达100多年的对光的理论研究。直到1803年，托马斯·杨用双缝实验成功地演示了光的干涉，继而菲涅尔于在1815年发现了光的颜色之后，光是一种波的理论才为大家所接受。

1905年，爱因斯坦提出了光子说。他认为光中存在着一种带有能量和动量的粒子，后来这种粒子被命名为“光子”。光子说可以解释光在某个瞬间表现为粒子性，而在一段时间内会呈现出波动性的特性。于是，他用这个理论解释了1887年赫兹发现的光电效应，也初步揭示了光的波粒二象性。

在爱因斯坦提出光速是宇宙中最快的速度之后，光子一直在

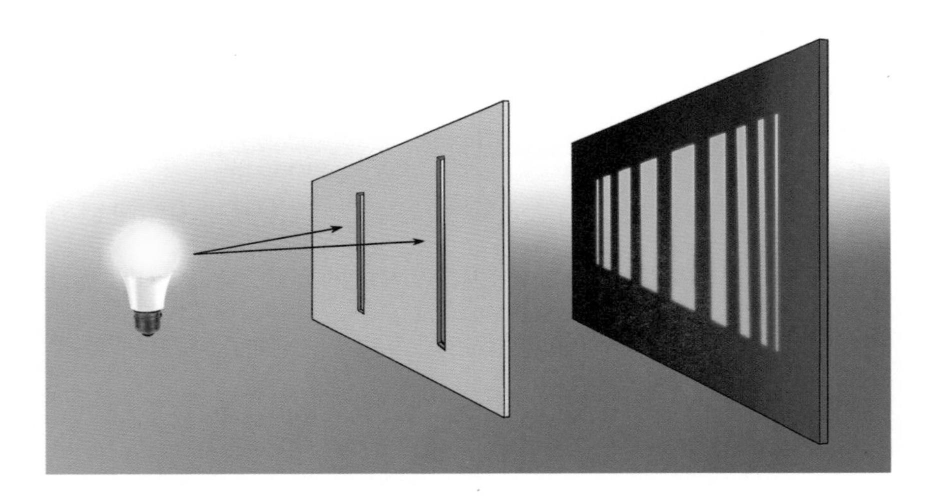

· 光的干涉实验

巩固它不可替代的地位。不论是在基础物理学还是在应用物理学中，光子都是绝对的主角。它就像盐在烹调中的地位一样，最不起眼却最不可或缺。事实上，大量的光子除了为我们带来光明，还给我们带来了能量。可以说，地球上几乎所有的能量都来自太阳，而太阳将能量传到地球，主要是通过光子。

3. 六种夸克

夸克是由两位美国物理学家默里·盖尔曼和乔治·茨威格分别发现的。

盖尔曼是一位著名的物理学家，而且多才多艺，对文学和语言学也很有研究。十几年前，我曾经在美国见过盖尔曼，也听过他说汉语。1999年，我又在北京遇到了盖尔曼。他问我："你的名字是'木子李'的李吗？"我非常惊讶，没想到他这么了解汉语。

他在研究质子和中子的构成的时候，设想质子和中子应当是由三个基本粒子构成的，而这三个基本粒子当时还没有名称，于是，对文学有所研究的他从著名作家詹姆斯·乔伊斯的天书《芬尼根守灵夜》里的一段诗——"向麦克老大三呼夸克（Three quarks for Muster Mark）"中，提取了"夸克（quark）"这个词，作为这三个基本粒子的名字。

那时，没有人在自然界或实验室成功观测到过夸克，盖尔曼为了让他的同行接受起来容易些，就假设夸克是一种数学技巧，

物理上并不存在。比如，假设在质子中有三个这种粒子，电荷只是普通电荷的三分之一或三分之二，这样不仅可以解释质子，还可以解释其他类似的粒子，如中子以及实验室中发现的很多质量较大的粒子。

比他更为年轻的同行，同为犹太人的茨威格就没有这么幸运。他没有盖尔曼这样的老到，不但没有声称他假设的粒子仅仅是为了数学上的方便，还将论文寄到风格更为保守的《美国物理》杂志，果然这篇论文没有得到发表。而在这篇没有发表的论文中，夸克被命名为“Aces”，即扑克中的“尖”，他认为存在四种这样的“尖”。后来的研究证明，他的想法大致是对的。

物理学家直到现在也没有直接“看到”过夸克。可是，在盖尔曼和茨威格提出夸克的存在之后，过了4年，美国斯坦福直线加速器上的粒子对撞实验说明了质子和中子一定具有结构——它们内部有三个点状的粒子。这证明了夸克的存在。

后来的物理学家们都知道了，质子和中子都是由三个夸克组

万物的基本——基本粒子

· 盖尔曼和茨威格

成的。这些夸克还有更加细化的名称，因为无论是质子还是中子里的三个夸克，它们的种类是不一样的。例如，质子里的三个夸克，其中两个长得一样，另外一个不一样，我们把那两个一样的夸克叫作上夸克，把那个不一样的叫作下夸克。而中子里面的三个夸克，其中两个也是一样的，但它们就不是上夸克了，而是下夸克，另外一个不一样的才是上夸克。

上夸克和下夸克仅仅代表这两种夸克的数学分类，它们的命名，也仅仅是因为一个位置在上、一个位置在下而已。而每一种夸克其实带有三种不同的“颜色”，这就是盖尔曼看到“三呼夸克”就决定采用乔伊斯的拼写的原因。

科学家发现的第三种夸克叫作奇夸克。不过，奇夸克是否为新发现的粒子还很难确定，因为它不同于质子和中子里的上夸克和下夸克。早在20世纪40年代，物理学家就发现了奇异粒子，即平均寿命比其他粒子长很多、衰变得慢的粒子。1968年，盖尔曼的夸克模型证明奇异粒子由奇夸克和上夸克及下夸克组成，验证了奇夸克的存在。

1973年，第四种夸克——粲夸克——是被丁肇中和伯顿·里克特发现的。丁肇中是继李政道和杨振宁之后第三位获得诺贝尔物理学奖的华人物理学家。当时，粲夸克的发现十分轰动，因为粲夸克并不在一些理论物理学家的基本粒子理论里，也是他们所没有预见到的。

1977年，利昂·马克斯·莱德曼发现了Y粒子。这是一种由底夸克和反底夸克合成的介子，证明了第五种夸克——底夸克的存在。

到目前为止，科学家发现的最重的基本粒子叫作顶夸克。顶夸克是由美国费米国家实验室一台非常巨大的加速器——万亿电子伏特加速器于1995年发现的。这台加速器的建造原本是为了发现玻色子（直到21世纪才被欧洲的物理学家发现），但万亿电子伏特加速器并没有发现玻色子，却发现了一个新的夸克。这个新的夸克的存在早就被理论物理学家预言过，后来它被命名为顶夸克，也是最重的一种夸克。

4. μ子

μ子是美国物理学家卡尔·戴维·安德森在1936年做实验的时候发现的。当时他把实验仪器拿到开放的空间来探测宇宙中的射线，出乎意料的是，他在宇宙射线中发现了一种新的粒子，这种粒子后来被命名为μ子。

μ子的性质非常像电子，但是质量比电子重大约200倍，而与质子相比，却轻很多，大约只有质子的十分之一。在日常生活

中，μ 子起不到什么作用，因为μ 子比电子重了200倍，它是不稳定的，会迅速衰变成电子和中微子，所以它在我们的身体里基本不存在。

5. 中微子

关于中微子的预言要早于μ 子的发现，可是直到1956年，物理学家柯万和莱因斯才发现了电子中微子。中微子有很多不同种类，包括电子中微子、μ 子中微子、τ 子中微子等等。

6. τ子

τ 子是美国物理学家马丁·刘易斯·佩尔发现的。τ 子的性质与μ 子的十分接近，也是不稳定的，因此它和μ 子一样对我们的世界几乎没有影响。τ 子比μ 子重，因此也更加不稳定，会衰变为电子或者μ 子，甚至上夸克和下夸克。μ 子在静止的时候能存在2微秒，而τ 子在静止的时候只能存在十万亿分之一秒。

7. 胶子

夸克之所以会形成质子和中子，就是因为胶子的存在，胶子像胶水一样把三种不同的夸克“黏连”在一起，形成了质子和中子。早在20世纪70年代初，理论物理学家就提出了关于胶子的理论，到了1979年，丁肇中领导的科研小组才间接地验证了胶子的存在。胶子不仅仅只有一种，而是有八种。

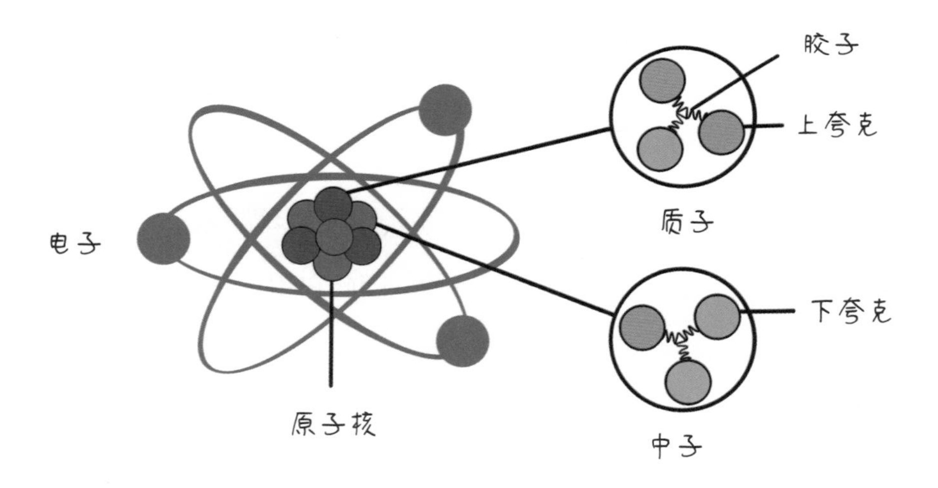

· 原子的构造

我们到今天还不能准确测量出上夸克、下夸克的质量。大致上，上夸克占质子质量的五百分之一到三百分之一，下夸克占质子质量的二百分之一；两个上夸克的质量与一个下夸克的质量的总和则不到质子质量的百分之一。质子的质量大多数来自胶子组成的胶子弦，这也正是我们无法准确测量夸克质量的原因。

而我们习惯的这个表达——质子是由夸克组成的，原因是夸克虽轻，却决定了质子的电荷以及质子在原子核中的性质。

8. 上帝粒子

物理学家在2012年发现了上帝粒子——玻色子，他们利用的是欧洲大型强子对撞机。经过戏剧性的建设、启动和修复，这台机器在2012年7月终于发现了上帝粒子的存在。从1897年电子的发现，一直到2012年上帝粒子的发现，历时115年，物理学家终于发现了粒子标准模型的全部粒子。

基本粒子标准模型是物理学家在20世纪80年代初提出的，在这之后，每年都有一个到两个新的理论被提出来，每年都有

数百篇关于各种新理论的论文被发表。这些抽象到甚至令专家都十分头疼的论文，无一例外，都大胆预言了新的基本粒子，以及新的物理学现象。

这些新的物理学现象需要在非常极端的条件下才能被观测到，例如宇宙温度高达五千万亿度甚至更高的环境下，于是科学家们就需要制造出大型强子对撞机，或比大型强子对撞机更为巨大的怪物。

截至2012年年底，大型强子对撞机虽然制造出了极端环境，但是物理学家并没有发现标准模型外的基本粒子或新物理现象。也许是物理学家在这台机器上制造的能量还不够高，也许是能量够高，但观测的事例不够多；不论哪种情况，我们目前还无法否定这个标准模型。

最后，我想引用《七堂极简物理课》里的一段话作为本章的结束，我觉得这段话充满了诗意：

第 4 章

万物的基本——基本粒子

屈指可数的几种基本粒子不断地在存在和不存在之间振动、起伏，充斥在似乎一无所有的空间中。它们就像宇宙字母表里面的字母，以无穷无尽的组合，讲述着星系、繁星、阳光、山川、森林、田地以及节日里孩子脸上的笑容和星光璀璨的夜空的漫长历史。

第5章

我们所看见的宇宙和宇宙传来的信息

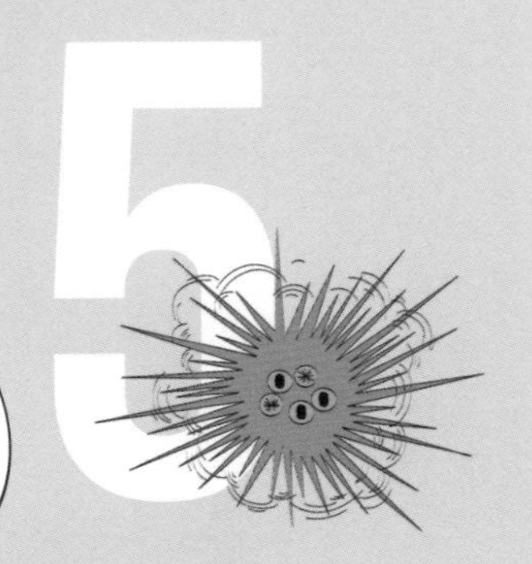

银河是怎么形成的？天空中一共有多少星星？宇宙一直在向我们传递信息吗？在探索深奥莫测的宇宙时，让我们也像前贤一样抬头仰望，看一看头顶的这片星空。

一、恒星的诞生

我们在前文简略地谈过太阳的诞生。现在，让我们来深入地谈一谈恒星的诞生。

宇宙大爆炸开始的时候，物质是不均匀的，在密度高一点的地方，万有引力场会强一些，会把这些炽热的气体慢慢地压缩到一定程度。在宇宙大爆炸发生几亿年之后，这些收缩的星云就形成了恒星。这是为什么呢？

当这团物质被压缩到一个极小的空间之内，密度高到一定程度，温度就会升高；温度一旦超过一定值，就会引发热核反应。比如说太阳非常明亮，这是因为它的内部正在发生核反应。那么，为什么我们看到的太阳是白色的，星星也是白色的？核反应到底是怎么回事呢？

要回答第一个问题，首先要分析一下我们肉眼看到的光是什么。

往水面扔一颗石子，会激起波浪，波峰和波峰之间的间距长度就叫作水波的波长。而光波是电荷和电荷之间相互运动产生的，往真空里扔一个电荷就会激发电磁波，电磁波也有波峰和波谷，两个波峰之间的距离就叫作电磁波的波长。一般来说，人类可见光的波长是400纳米到700纳米。

纳米有多长？我们通常对米的概念很熟悉，都知道一个人的身高一般在1米到2米。而纳米是个非常小的单位，物理学家用“纳”代表十亿分之一，一纳米就是十亿分之一米。

太阳光的波长主要集中在400纳米到700纳米。我们通过三棱镜可以把太阳光笼统地分解成七种可见光，就是我们通常说的“红橙黄绿青蓝紫”。越靠近红端，光波的波长越长；越靠近紫端，光波的波长越短。波长700纳米的光对应的是红光，波长400纳米的光对应的是紫色的光。黄光位于中间，太阳光的主要峰值在黄光，因此太阳也叫黄矮星。

当这七种颜色的光都混合在一起，就聚合成了我们经常说的白光，因此我们会觉得太阳光是白的。

那么为什么我们看到的星星也是白色的呢？其实，天上的恒星多种多样，有的恒星发出的光的波段长一点，有的恒星发出的光的波段短一点；稍长的光偏红，稍短的光偏紫。这些光之所以在我们看来是白色的，是因为我们的肉眼在看星星时主要看到它们发出的从红光到紫光的这一段可见光，把这些所有的光聚合在一起，就成了白色。因此，我们头顶上的这片星辰看起来是白色，而银河系是由恒星构成的，因此银河系看起来也是白茫茫的一片。

现在我们来回答第二个问题，恒星内部核反应是怎么回事？

热核反应其实是一个非常复杂的过程，但是物理学家在描述的时候将其简化了。以太阳为例，太阳中的两个氢原子核会发生反应，生成比较重的原子核——氦原子核，氦原子核的能量比两个氢原子核小，多余的能量则变成了光和中微子，辐射出来的能量就是光。而发光的过程会继续产生能量，因此太阳会发光发

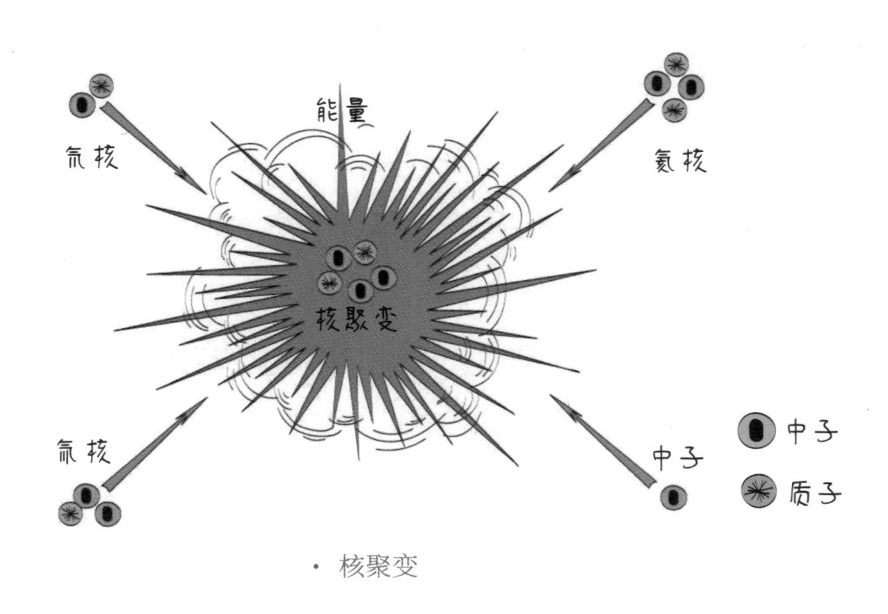

· 核聚变

热，所有恒星也是如此。当然，恒星最终也会燃烧殆尽，当恒星停止核聚变后，它们有的会变成白矮星，有的会变成中子星或形成黑洞。

多数白矮星内部的温度高达1000万摄氏度，而表面温度最低可达1万摄氏度。太阳的表面温度是6000摄氏度，发出的光主要是黄光；而白矮星表面温度比太阳高，因此它的光波波长要比黄光波长更短一点，发出的光也更亮一点，也就是说，它发出的是白光。这也是白矮星得名的原因。

随着白矮星慢慢地辐射能量，它的温度会降低。理论上，白矮星可以将所有的热量都辐射完，然后不再发光，成为黑矮星，但是辐射完所有热量需要的时间比宇宙现在的年龄还要长很多，因此我们至今还没有观测到黑矮星。物理学家和天文学家对白矮星的物质结构了解得并不全面，有人推测，白矮星中的大部分物质可能是晶体而不是等离子铁。

当恒星质量超过太阳质量的1.4倍的时候，白矮星可能会变成中子星，也可能会抛射出一部分物质，从而不会形成中子星。如果恒星的质量远大于太阳质量而小于10个或者20个太阳质量，那么在恒星生命的最后阶段，它会因为核反应的辐射即将结束而导致压力不足，从而在万有引力的作用下发生坍缩；恒星坍缩的过程会产生极高的温度，从而引发超新星爆发，形成中子星。如果超新星的质量大到一定程度，中心坍缩的质量非常大，就有可能形成黑洞。

通常，中子星的质量等于1.4到3.2个太阳质量，黑洞会更重一点。

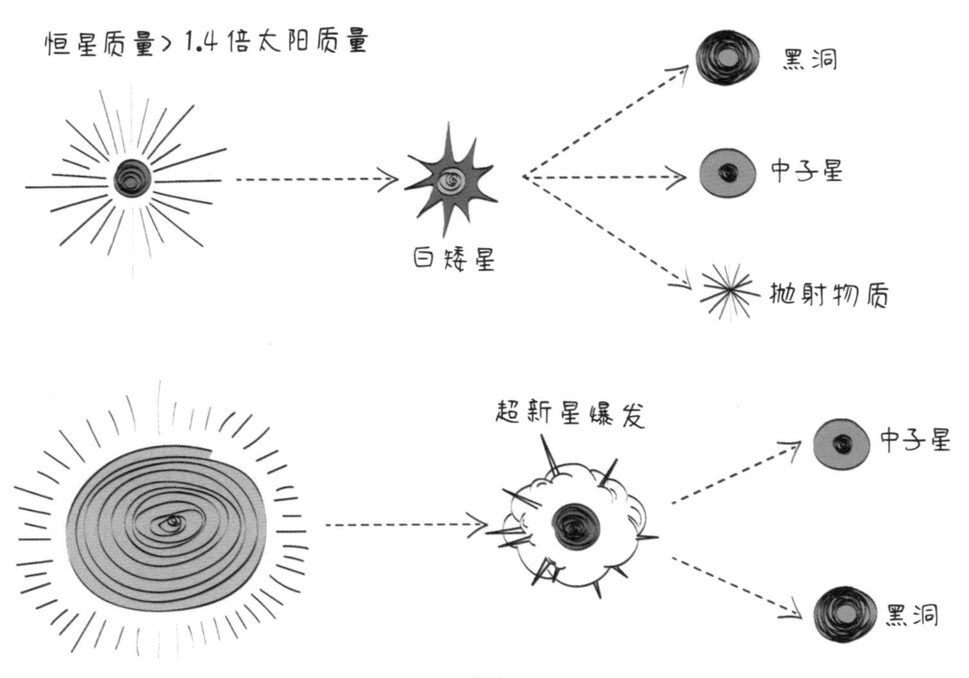

· 恒星内部核反应

二、恒星的演化

从宇宙诞生到今天，恒星经过了几代的演化？

物理学家通过对恒星的观察得出结论：恒星演化到今天最多经过了三代或者两代。我们的太阳有可能是第二代恒星或者第三代恒星。为什么恒星会出现这种代代相继的情况呢？

宇宙大爆炸几亿年之后，最古老的恒星形成了，也就是第一代恒星。宇宙大爆炸的时候产生的元素非常非常少，只有氢、氦和锂，其中氢占了约四分之三，氦占了约四分之一，而锂只占了非常小的一部分，其他更重的元素几乎没有，因此最早形成的恒星内部元素主要是氢和氦。

第一代恒星燃烧到最后会发生爆炸，抛射出很多物质，形成一些内部元素同样以氢和氦为主的星云。但是在恒星爆炸的那一刻，它会合成更重的元素，这些元素比氢和氦略重，因此新的分子云里面会稍多一些新的重元素。

这些分子云在万有引力的吸引下，经过漫长的时间，渐渐收拢，慢慢地形成了新的恒星。这些物质收聚到更小的空间之后，恒星会因为温度升高而燃烧，发生新的核反应，再次发光，这就是第二代恒星。同样，第二代恒星也可能燃烧完再抛射出更多物质，形成新的分子云，这些分子云再次经过漫长的收拢过程，从而形成第三代恒星，一代又一代的恒星就这样依次产生。

刚才谈到，我们的太阳很可能是第二代或者第三代恒星，因为在太阳内部除了氢和氦之外，还有比较重的元素。我们人类的身体内部也有重的元素，这些元素的来源跟地球、月亮、太阳的来源是一样的，它们都来自同一团分子云。

根据天文学家的研究，超新星是大质量恒星演化的最后阶段。超新星的英文是“Supernova”，“nova”在拉丁语中是“新星”的意思，“Super”是“超”的意思，合在一起就是“超新星”。在这一阶段，恒星的核反应非常剧烈，会突然抛射出大量的物质，并辐射出大量的光，引发这颗大质量恒星的暴死。大质量恒星是指质量在八个太阳质量以上的恒星。由于质量巨大，演化到后期的时候，恒星中心区的一些元素会聚变成非常重的铁元素。根据门捷列夫的元素周期表，铁的相对原子质量是56。

当聚变反应发生到一定程度的时候，恒星中心开始冷却，辐射出来的光压不够强，没有足够的热量平衡万有引力。而由于铁元素太重，结构上的失衡使得整个星体向中心坍缩，造成内部冷却、外部加热的状况，因此外部就会发生剧烈的爆炸，向外抛射物质和光。这就是所谓的超新星爆发。

1572年和1604年，分别有两颗新星被记录在案，经确认，它们都是超新星。

要注意：我们这里提到的新星不等同于超新星，新星不一定是超新星。只有当新星的爆发规模达到一定程度，它才是超新星，比如，当它爆发时发出的光的强度相当于整个银河系所有恒星加起来的光亮强度的时候。

以前，人们认为恒星的“恒”就是永恒的意思，认为恒星是一成不变的，因此1604年发现的超新星是具有划时代的历史意义的。开普勒曾在《第谷星表》里看到这颗星球，后来，他自己也用肉眼发现了这颗超新星。起初这颗恒星很暗，肉眼看不到，但在爆发的一刹那，恒星变成超新星，释放出巨大的能量，就能够被肉眼看到了。开普勒由此证明，恒星是会演变的。

已知的超新星有很多不同的类型，有的爆发时间比较短，有的爆发时间比较长。还有很多超新星是肉眼不可见的，因为它们距离我们相当遥远，甚至有一些在银河系之外。

那么银河系有多大，银河系里面又有多少颗恒星呢?

我们观察银河系的时候，看不到所有的恒星，因为银河中心有很多恒星被挡住了。根据天文学家的不完全统计，银河系内部存在着一千亿颗到两千亿颗恒星，而太阳只是其中一颗。

仙后座A：银河系最年轻的超新星遗迹

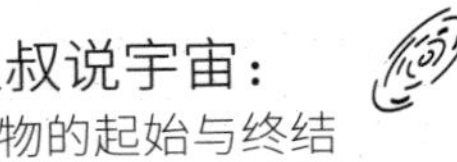

三、宇宙微波背景辐射的形成与发展

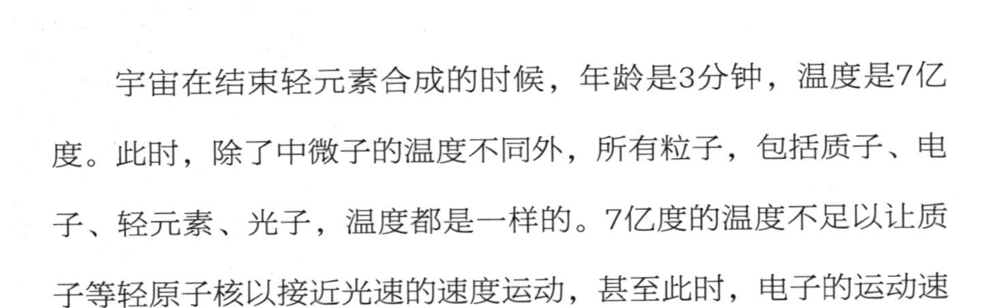

宇宙在结束轻元素合成的时候，年龄是3分钟，温度是7亿度。此时，除了中微子的温度不同外，所有粒子，包括质子、电子、轻元素、光子，温度都是一样的。7亿度的温度不足以让质子等轻原子核以接近光速的速度运动，甚至此时，电子的运动速度也只有光速的四分之一左右。

这些有质量的粒子看上去虽然能量不小，但光子在数量上具有压倒性的数目，光子的数目与其他粒子数目之比依然是二十亿比一（中微子的数目和光子的数目也差不多），因此光子携带宇宙中的绝大多数能量。要到很多年后，光子和中微子的总能量才降到与其他粒子的能量一样多。

有质量的粒子携带的能量现在主要是由质量提供的，那么，什么时候这些粒子的能量能赶上光子和中微子携带的能量？因为光子和中微子的数目大约是重子（由3个夸克组成的复合粒子）数目的40亿倍，只有当每个光子的能量下降到质子质量的四十亿分之一的时候，有质量的物质的能量与辐射能量才大致相当，也就是说，当光子的能量相当于温度不到3000开尔文的时候，两种能量才能平衡。

可是，做这种估计的时候，我们犯了一个大错，就是完全忽略了暗物质。假使暗物质是物质的5倍，那么，每个光子的能量下降到大约质量的七亿分之一的时候，有质量的物质的能量就赶上了辐射能量，此时，宇宙的温度大约是1万开尔文。

当有质量的物质的能量追上辐射能量的时候，宇宙的温度是1万度，那它的年龄有多大呢？有一个推导宇宙年龄的公式，但它只适用于宇宙中的能量主要是辐射能的时候：宇宙两个时刻的年龄之比，等于两个时刻温度之比的倒数的平方。7亿度是1万度的7万倍，平方之后是49亿，约等于50亿。现在，我们用50亿乘以3分钟，等于150亿分钟，这大约是3万年的时间。我们由此得

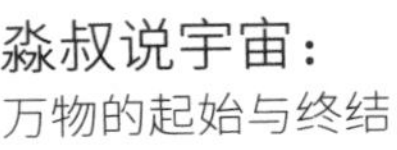

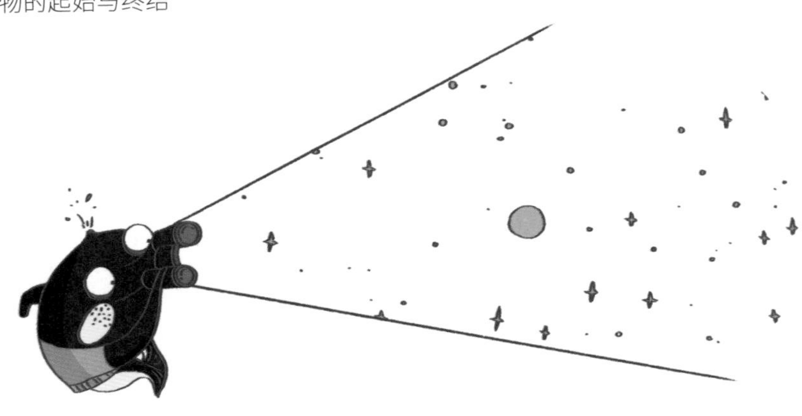

出结论，当物质的能量与辐射的能量相当时，宇宙的年龄大约是3万年。

在恒星形成之前，宇宙是一锅不透明的等离子体，尽管形成后来的分子云、恒星以及其他一切的原子核都已经准备好，但这些原子核和电子处于不断碰撞的过程中，它们还不能很好地结合成中性的原子以及分子。

当宇宙的温度下降到一定程度的时候，所有的电子才与原子核结合成中性的原子，于是光子终于不会被电子和原子核碰撞，而可以在整个空间里自由穿梭，也就是说，宇宙变得透明了。那一刻，宇宙的年龄大约是38万年，温度大约是3000摄氏度。

随着宇宙的膨胀，光子不断地旅行、穿梭，在旅行途中，由于温度的降低，它们的波长也变得越来越长。当光子在1964年越过一切，到达霍姆德尔镇的时候，其中一部分终于被彭齐亚斯和威尔逊的辐射计捕捉到。这道被捕捉到的宇宙早期发展所遗留下来的辐射，就像是上帝送给人类的信息，让人类体认到，他们赖以生存的宇宙是怎么诞生的。

发现宇宙微波背景辐射的那一天，31岁的彭齐亚斯如同往常一样，吃过早餐，来到辐射计边上的小木屋，检查辐射计在昨天累计的信号。

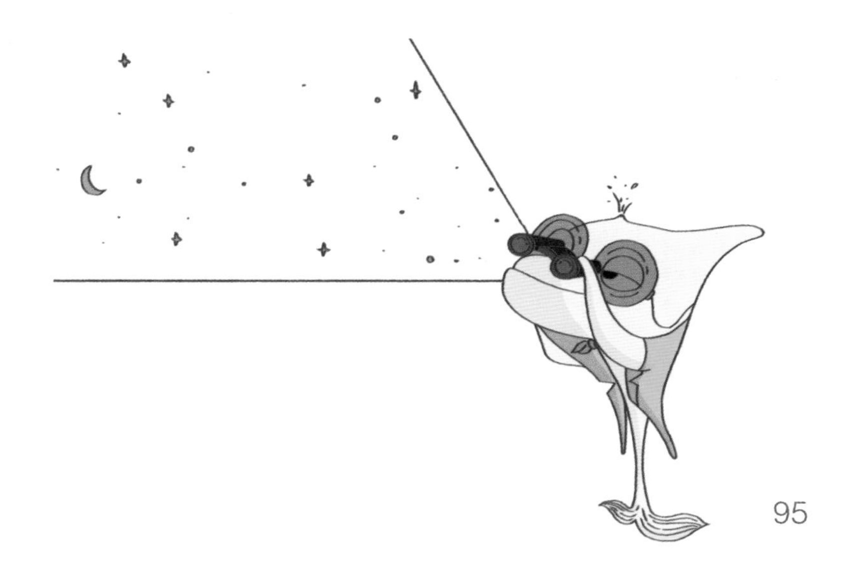

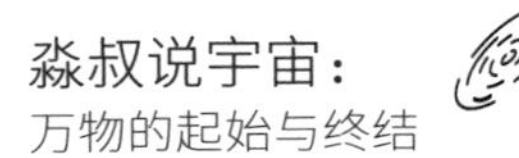

在打印机打出的记录纸条上，他惊讶地看到满满的噪声信号。随后，比他年轻3岁的威尔逊也到了，彭齐亚斯将记录带递给威尔逊，威尔逊看后也被震撼得久久无言。这道噪声信号波长在1毫米左右，频率160吉赫。他们怎么都不相信这是真实的信号，便清除了斗形天线上的鸟粪，但是信号依然存在。于是他们以为是附近有什么毫米辐射源，考虑是否有必要排除军方的信号。

可是，无论将天线指向天上的任何角度，无论是一天中的任

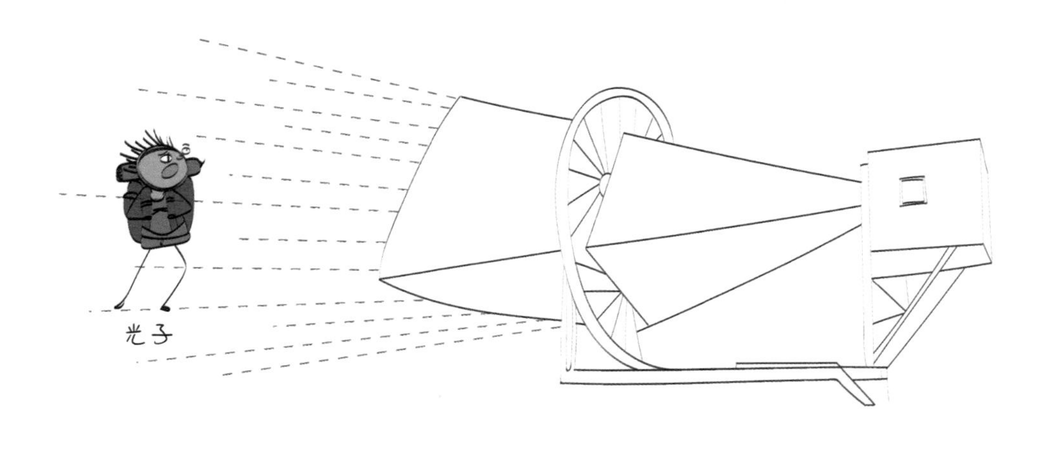

· 辐射计

何时刻，信号都继续存在，且仍然是噪声形状。他们不得不得出惊人的结论：信号来自天空的每一个方向。

消息很快传到同样位于新泽西州的普林斯顿大学。当时普林斯顿大学的迪克研究小组正在想办法测量很早之前就被理论预测过的宇宙微波背景辐射。经过双方研讨，他们得出了初步结论：彭齐亚斯和威尔逊的发现就是宇宙微波背景辐射。

我们在本书第一章了解到，彭齐亚斯和威尔逊的发现可以说是宇宙大爆炸最直接的证据，他们因此获得了1978年诺贝尔物理学奖。他们的发现开启长达数十年的，从微波背景辐射寻找宇宙早期历史各种遗留痕迹的研究。

在这个方向上，最新的、同时也是21世纪以来最重要的宇宙学发现，即2014年3月宣布的引力波遗迹的发现。可以说，这个发现基本上证实了古斯的暴涨宇宙论。宣布这个新发现的哈佛大学史密松天体物理中心，正是威尔逊从1994年以来一直工作的地方。

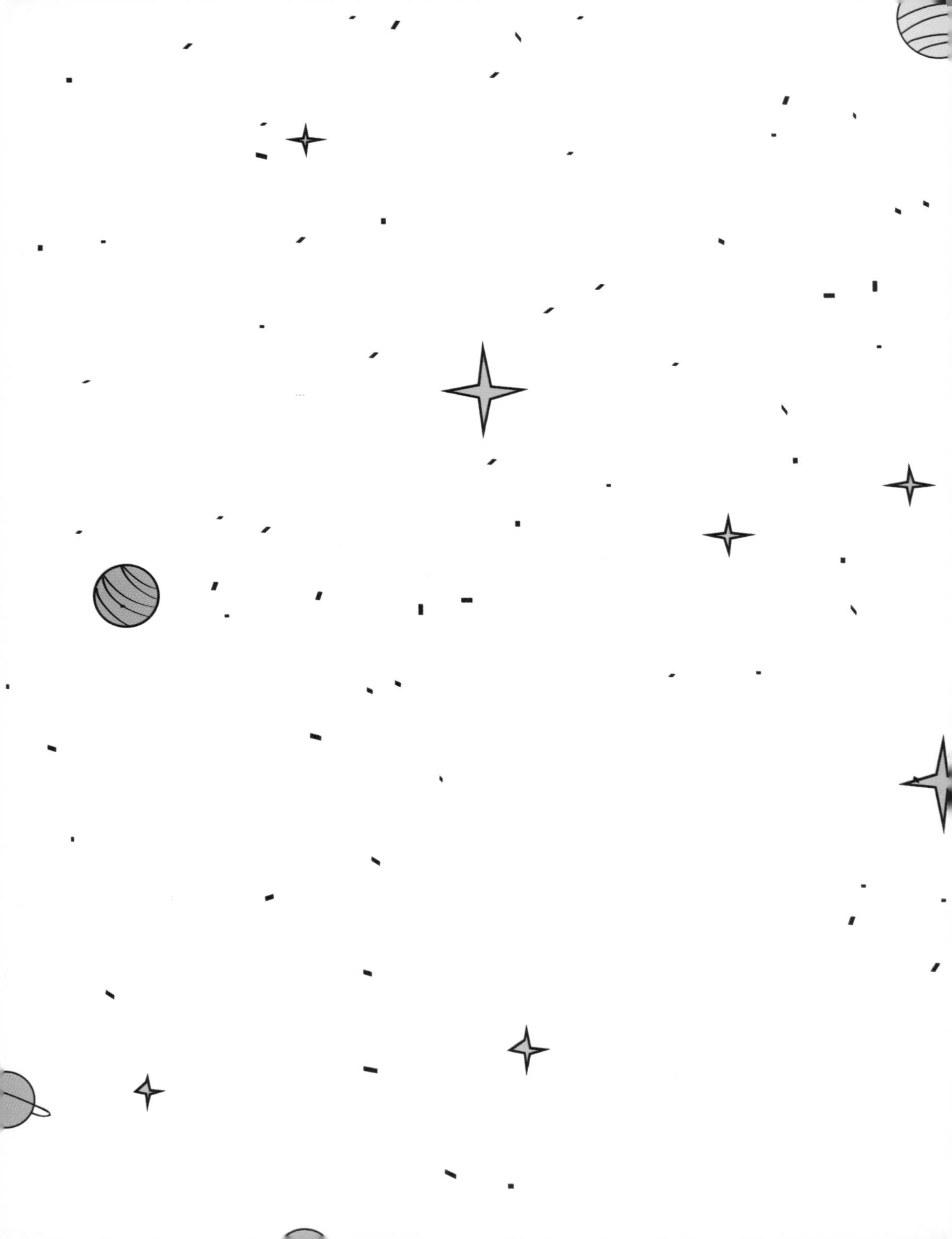

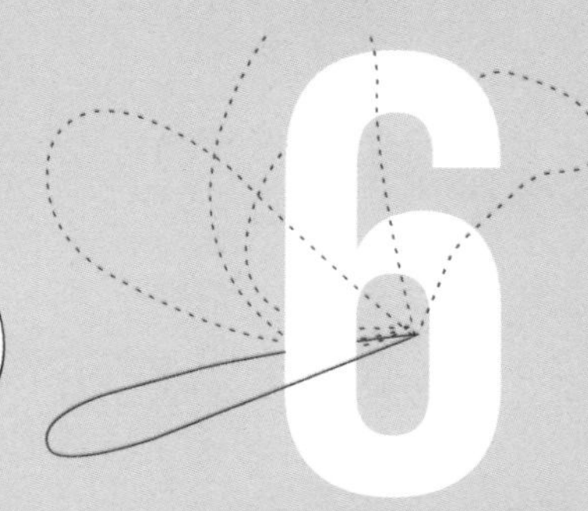

第6章 暗物质与暗能量

我们看不见的宇宙中存在着什么？人类如何发现看不见的暗物质和暗能量？暗物质和黑洞有关吗？宇宙中的可见物质只占了4%。可见，物质就是我们身体中的物质、地球上的物质、组成行星的物质、组成恒星的物质。宇宙中剩余的96%的物质都是暗物质与暗能量，它们无处不在，包裹着每一个天体，其中暗物质大约占20%，暗能量大约占70%。

一、什么是暗物质

根据定义，我们可以知道它是一种不发光的物质。既然大家把它称作“物质”，它一定具有物质的性质：有能量、质量，会产生万有引力。可见，物质可以在万有引力的吸引之下形成天体。暗物质也同样具有质量，有万有引力。它会不会也能形成天体呢？现在科学家对此还没有定论。

我们看到的所有物体或多或少都会吸收光或反射光，而暗物质既不反射光也不吸收光，它甚至跟光没什么关系——这似乎违反常识。因为我们看到的所有物体或多或少都会发光，一面镜子也好，一只灯泡也好，哪怕是一张桌子，只要太阳光照射到上面，它就会反射光；哪怕是一团黑乎乎的物质，虽然不发光，但它吸收光，所以它呈现出漆黑一片。那么暗物质是不是也是黑的

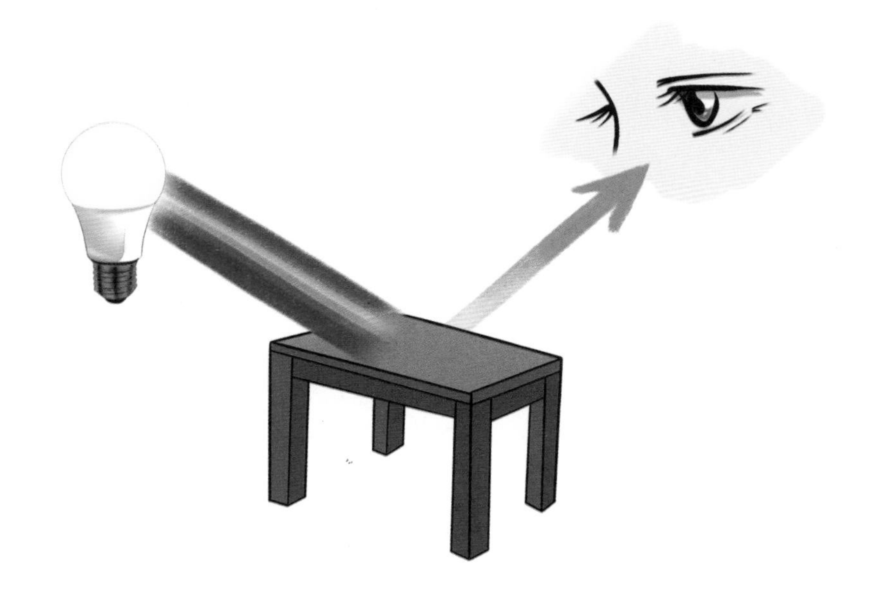

· 反射的原理

呢？不，暗物质不是黑的，因为它跟光压根没有关系。

暗物质不吸收光，也不是黑色的，我们之所以看不见它，是因为人的肉眼只能接收光的信号。如果一个物质跟光没有什么关系，我们当然就无法看到它。有能量、有质量、会产生万有引力、不吸收光，这就是暗物质的定义。

二、人类如何推测出暗物质的存在

为什么暗物质看不见摸不着，天文学家和物理学家却认为暗物质一定存在？因为他们找出了几个能证明暗物质存在的依据，其中一个最重要的依据也是第一个根据就是20世纪30年代茨威基发现的一个很奇特的现象。

银河系里，很多恒星都在绕着银河系的中心打转。这就像我们平时在公园晨练时观察到的，有的人会用绳子舞动起健身器械，在身体上空环绕；随着舞动的速度加快，绳子会越绷越紧，这就是向心力的作用。天体运行也是这样，为天体旋转提供向心力的就是引力。

茨威基在观测中对星系间的相对运动速度以及星系的质量进

· 向心力导致绳子越绷越紧

行了估算，算出了它们对于其他星系的引力。这些星系都有着非常快的运行速度，对于它们来说，引力无法将其约束在同一个星系团中。从理论上讲，这个星系团是无法维持稳定的——它本应快速崩坍并向四周分散，就像舞动的健身器械，一旦绳子无法承受器械的重量，器械就会与绳子断开，被甩出去。

根据万有引力，越靠近银河系边缘的恒星，运动速度会越低，因为它受到的万有引力越小。可是，茨威基发现，从银河系中心向外，银河系边缘的恒星速度似乎并没有降低。这是什么原因造成的？如何解释这个现象呢？

一个最简单的办法就是假定暗物质的存在。我们知道，太阳绕着银河系转动，是因为银河系里面有物质、有恒星、有分子云，于是就有万有引力拉动太阳绕着银河系转动。如果我们假定银河系除了恒星和分子云之外还有暗物质呢？那么，太阳受到的万有引力就更强大，太阳就必须以更快的速度运动。

这就引出了一个很有意思的现象：如果越靠近银河系边缘暗物质越多，那么即使恒星位于银河系边缘，它所受的万有引力也不会减弱，由此，其速度也不会降低。这就解释了茨威基的观测结果。而在20世纪60年代，很多其他的观测也证实了这个现象。所以，人类是间接发现暗物质的，而不是直接看到的。

另外，暗物质跟黑洞有没有关系。黑洞是恒星爆炸遗留下来的产物，是物质向内坍缩形成的天体，跟暗物质没有关系。

三、暗物质的实际探测

前面说到，暗物质是通过天文学观测间接地推测出来的。那么我们有没有可能直接“看”到暗物质呢？这是物理学家们在过去几十年间一直不断尝试的一项实验。目前，暗物质的探测方式在国际上有三种类型。

第一类是加速器探测，欧洲核子中心的大型强子对撞机是这方面的主要探测设备。

第二类是地面实验，更准确地说是地下实验，因为这些实验是在地下进行的。之所以要安排在地下，是因为科学家们认为地面上大量的宇宙射线和中微子会干扰对暗物质的测量。

地下实验可利用废弃的矿井或隧道。与矿井相比，隧道的使用更为便利。我国四川省西昌地区的锦屏山就有一条隧道，各方面

· 暗物质粒子的速度是56式半自动步枪子弹出膛速度的300倍左右

条件都很好，其内部的构成不是花岗岩，而是变质岩，这种岩体自然放射性非常低。实验检测表明，隧道内部变质岩的天然放射性要低于洞外的岩石。清华大学和上海交通大学在那里都有实验项目。

但迄今为止，全世界所有的实验都还没有探测到暗物质。暗物质之所以不易被发现，除了本身不发光以外，还因为它的速度很快，很难捕捉。暗物质粒子的速度可以达到每秒220千米，这是56式半自动步枪子弹出膛速度的300倍左右，即使穿过人体，人也不会有任何感知，更不会留下什么痕迹。

有专家认为，暗物质粒子只有当它们相互发生作用时才能被发现，遗憾的是，我们目前还不知道它们之间在以什么样的形式发生

作用。或许只有测量到这种相互作用，我们才有希望发现暗物质。

第三类暗物质探测是在太空中进行的。国际空间站有一个实验项目叫作AMS实验，也就是阿尔法磁谱仪实验，阿尔法磁谱仪是人类送入宇宙空间的第一台大型磁谱仪。这项实验是丁肇中领导的，也就是之前我们提过的发现了粲夸克的科学家丁肇中先生，他领导的AMS国际空间站的实验已经进行了十来年。

阿尔法磁谱仪发现了“弱作用重粒子”存在的证据，而“弱作用重粒子”就是一种暗物质的候选体。这个发现意味着人类对于暗物质的认识又向前迈进了一大步。

2015年9月，丁肇中团队和东南大学发布合作研究成果。这项研究表明，暗物质存在实验的6个有关特征中，已经有5个得到了确认，目前的分析结果与宇宙射线中过量的正电子可能来自暗物质的理论是相符合的。但是这个实验还需要继续进行下去，才有可能准确地知道有没有探测到暗物质。科学家们认为，未来的10年到20年将会是暗物质探测的黄金时代。

我们还要讲一讲中国的首颗暗物质探测卫星，这颗卫星叫作“悟空号”，是2015年12月17日发射的。它主要通过探测电子宇宙射线、高能伽马射线和核素宇宙射线等手段来捕捉暗物质。因为暗物质粒子有可能因为碰撞而衰变、消失，从而发射出宇宙射线。我们通过测量入射粒子的电荷数、入射方向以及入射能量，就能区分入射粒子的种类。“悟空号”的复杂度和工程实现难度都达到了新的水平，是目前世界上观测能段范围最宽、能量分辨率最优的暗物质粒子探测卫星。

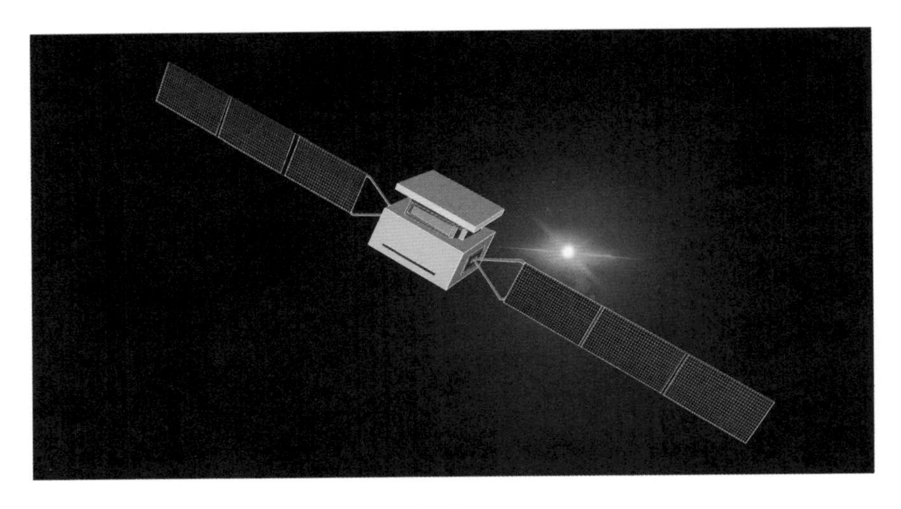

· 悟空号

四、暗能量是如何发现的

在20世纪，所有的天文学家都以为宇宙中只含有物质和暗物质，这其实是一个认识的误区。那么科学家是通过什么样的方式发现这个误区的？这就要说到1998年发生的一件大事。

1998年，美国两个由天文学家组成的团队各自独立地发现，我们的宇宙不仅仅在膨胀，而且还在加速膨胀。也就是说，宇宙膨胀的速度在逐渐变快。膨胀的加速度大约是一亿分之一厘米每平方秒。

也许你会感到很奇怪：这么微小的变化究竟是怎么被发现的？

我们知道，在地球上，重力加速度是9.8米每平方秒。扔一块砖头，落下的速度每秒钟会增加9.8米，这是一个相当可观的数字。不过，宇宙膨胀的加速度只有一亿分之一厘米每平方秒，非常非常微弱，但是科学家还是发现了。这是怎么发现的呢？——通过观测遥远的超新星。

1998年，两组天文学家通过观测Ia型超新星，发现了宇宙不仅在膨胀，而且还在加速膨胀这个事实。天文学家是怎么得出这个结论的？很简单：通过哈勃望远镜。天文学家们先是发现了几十颗超新星，然后根据20世纪30年代哈勃使用的方法，通过对超新星的观测，不但确认了哈勃得出的“宇宙在膨胀”这一结论，还发现宇宙在加速膨胀。

为什么超新星既可以用来发现宇宙膨胀，又可以用来发现宇宙在加速膨胀呢？打一个简单的比方：我们去超市购买10只亮度一样的LED灯泡，然后来到没有灯光污染的郊区，在1000米开外放一个灯泡，在2000米开外再放一个灯泡，在3000米开外再放一个灯泡，然后再观察这些灯泡。你会发现距离越远的灯泡亮度越暗，这是因为灯泡的亮度是与距离的平方成反比的，这是很简单的一个公式。如果这些灯泡在越远的地方变得越来越暗，你会

· 灯泡越远，亮度越低

知道，这些灯泡在移动。灯泡移动得离观测者越来越远，亮度就变得越来越暗。

那么，天文学家的“灯泡”是什么呢？就是超新星。通过观测这些“灯泡”，他们发现宇宙在膨胀，并且在加速膨胀。这是1998年人类探索宇宙的一件大事。

当这两组天文学家发表了这些结果，全世界都轰动了。天文学家没有想到，物理学家也没有想到，宇宙居然还在加速膨胀。

爱因斯坦在20世纪20年代提出，由于宇宙没有在膨胀，也没有在坍缩，因此宇宙中间应当存在着一种看不见的能量与万有引力相平衡。虽然爱因斯坦认为的“宇宙既不膨胀也不坍缩”这种想法后来被证实是错误的，但是宇宙加速膨胀与万有引力作用之间的矛盾，又使人们重新思考了爱因斯坦的这个想法：宇宙中充斥着无所不在的暗能量，这个暗能量产生了一个反引力。有了反引力，宇宙才有可能加速，就像你向上抛苹果，如果这个苹果不但受到地球的万有引力，还受到反引力，它们就有可能越飞越快，这就是万有斥力，也称反引力。

万有斥力从哪里产生？从暗能量中产生。这就回到了我们前面说过的暴涨理论。我们说过：在一亿亿亿亿分之一秒中，宇宙被拉扯成非常大的一个空间。为什么宇宙会受到拉扯？因为那个时候也存在着反引力，这是一种比现在的暗能量更加巨大的能量。由于反引力的存在，宇宙才会暴涨。到了今天，宇宙还在加速膨胀，但已经不再是暴涨，它膨胀的速度没有那么快。这意味着暗能量没有暴涨时期的驱使能量大，但是依然存在。这就是天文学家发现的暗能量的来源。

通过天文学家进行的各式各样的天文学观测和实验，人们反复验证了暗能量的存在，并且还计算出来，暗能量应当约占整个宇宙能量的70％。

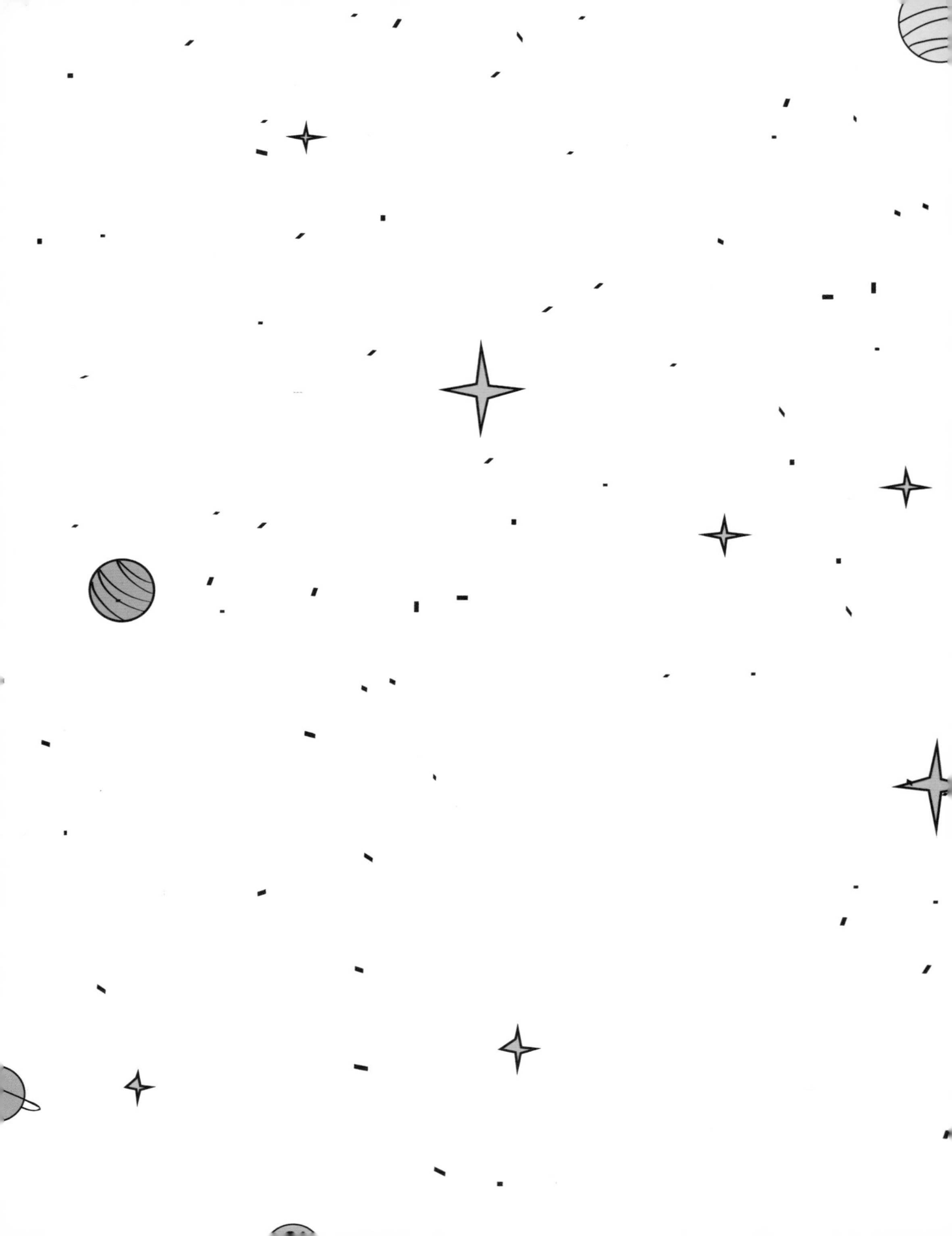

第 7 章

时间的物理意义

我们应当如何理解“时间”这个概念？人类可以穿越到过去和未来吗？人一生中犯过的错误可以从头再来吗？这一章，让我们讲讲关于时间的问题。

一、时间概念的诞生

最早在农耕时代，人们凭借日升日落、月圆月缺、季节交替等自然界的周期性变化来计时，由此有了一天、一个月、甚至一年的概念。古人发明出了日晷、沙漏、水钟等原始计时工具，其中，日晷就是利用太阳光照射指针所投下的日影来计算时间的，日影每移动一个格子，就是过了一个时辰；沙漏和水钟比日晷更精密一些，水钟利用水滴推动内部的机械来计时，机械部分会像我们的手表指针一样移动，但是这样的计时方式依然不够精确。

大约16世纪，欧洲正值大航海时代。在海上航行的时候，大海茫茫无垠，精确的时间对船员来讲太重要了。有的政府甚至悬赏奖金，希望科学家制造出一个每星期误差不超过4分钟的计时工具。

据说伽利略当时也看到悬赏通告了，并且被那笔丰厚的奖金吸引，觉得自己如果解决了这个问题，就可以实现一生的财富自由了，从此开始苦思冥想。据说，有一天，伽利略在教堂里做礼拜，他观察到教堂里有一盏吊灯在晃。他发现，吊灯每晃一个来回所需要的时间几乎一样，这就启发他发现了摆动等时性原理。

后来，物理学家惠更斯在伽利略理论的基础上，实际地解决了这个问题。惠更斯通过严密的数学计算发现了单摆的周期公式。他参考水钟的构造，用钟摆调节机械的走动，让计时变得非常准确，令一天的误差可以达到只有几秒。

这就是物理学家对时间的丈量。由此我们后来有了秒的概念、分的概念，1天有24小时，1小时有60分钟，1分钟有60秒。但是，其实一直到19世纪下半叶之前，并没有人想到精确地计量秒，甚至连秒的概念都还没有出现。

1816年，路易·莫奈发明了人类历史上第一枚秒表，又称计时码表。当时莫奈的发明仅应用于天文设备，之后才逐渐有适用

· 钟摆摆一个来回需要的时间跟它的长度有关系

于日常生活的秒表诞生。

1967年，在第十三届国际计量大会上，“秒”被正式定义为“两个超精细能级之间跃迁所对应的辐射的9192631770个周期所持续的时间”。这就是一个关于“秒”的权威科学定义。

二、计时工具的发展

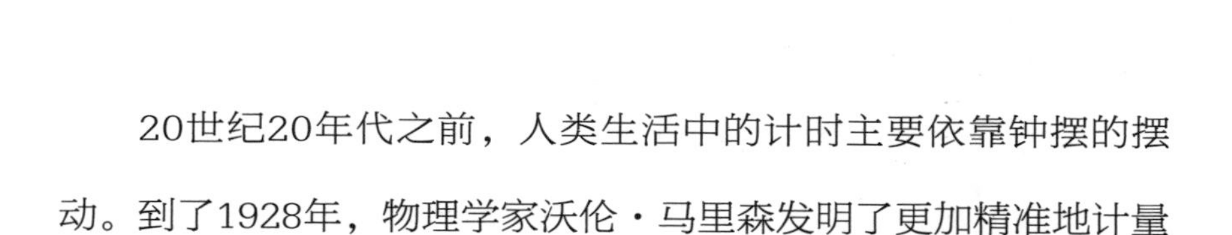

20世纪20年代之前，人类生活中的计时主要依靠钟摆的摆动。到了1928年，物理学家沃伦·马里森发明了更加精准地计量时间的办法，比如石英钟。

石英是一种常见的造岩矿物，平常所说的水晶就是属于石英石的一种。如果按照标准的大小尺寸切割，这种矿石的振动可以达到高度的稳定和精确。在20世纪，石英钟是非常准确的计时工具，它的内部放置有石英振荡器，可以根据石英的频率带动指针运动，精度最高的石英钟要走270年左右，才会产生1秒钟的误差。

20世纪50年代出现了一种更加精准的计时方法，原理是原子固有的振动。

GPS信号弱

GPS

• 时间不准GPS就无法起到导航作用

原子非常小，比一个纳米单位更小。电子在原子内部高速运动，1秒钟可以跑很多圈，使得原子具有极高的振动频率。不过，有一些原子倘若被置于低温环境中，其振动频率又非常稳定，比如铯原子。于是我们可以利用原子的振动来调节机械元件，制造非常精准的原子钟。有了原子钟，人类计时的误差也越来越小。20世纪末，人类计时误差达到了约百亿分之一秒每天。

原子钟也是其他科技的基础，例如我们现在耳熟能详的GPS全球卫星定位系统，定位卫星上就装有原子钟。开车时使用GPS导航，时间的同步会非常精准，因为假如时间稍有不准，驾车的人或许就会被带到沟里去了。

随着计时技术的发展，目前，冷原子喷泉钟使人类的计时精度达到每3亿年才误差1秒。

三、爱因斯坦相对论中的时间

20世纪初，爱因斯坦提出的相对论彻底颠覆了人类对世界的认知，而他对人类认知改变最大的切入点就是时间。他指出，时间并非不变的定量，而是与环境有关，与人的运动速度有关。

在一些故事中，人们常说爱因斯坦小时候很笨，实际上这是谣传。其实他是一个神童，从小学习就很好，不仅理工科学得好，对文学也是了如指掌，枯燥的古希腊文对他而言不在话下。

如今的人们很少会天马行空地思考一些问题，但儿时的爱因斯坦却不是这样。他想到这样一个问题：绕着地球跑一圈是4万千米，光速是每秒钟将近30万千米，也就是说，光绕着地球跑，1秒钟可以跑七八圈。那么假如我跟着光跑，1秒钟也绕着地球跑七八圈，那么我会追上光吗？光会静止下来吗？

他最后得出结论，我永远都不可能追上光，因为光速是宇宙中最快的速度，当你追上光速时，时间就会全部停止了，没有时间了。1秒钟就是一辈子，1秒钟就是永远。永远有多远？永远就是追上光速。这就是相对论中的时间。

比如，假定人类在未来制造出了速度接近光速的宇宙飞船，然后你乘坐这艘宇宙飞船离开地球，等你回到地球，地球上的时间可能已经流逝了1万年，而对于你来说，时间却仅仅只过去了1年。这就叫时间的相对性。

爱因斯坦发现，时间不仅仅是一个计量问题，我们用手表计量时间，这种计量方式还是会受到环境的影响。当人坐在高速行驶的宇宙飞船上，与人一动不动地站在地球上相比，时间是完全不一样的。

爱因斯坦发现且用实验证明，光速是无法改变的。在地球上测量到的光速是每秒钟近30万千米。无论观察者坐上火车、飞机还是宇宙飞船，甚至更快的宇宙飞船，都会发现光速依然是每秒钟将近30万千米，没有任何变化。

因此爱因斯坦得出结论，光的速度是不以人的意志为转移的，它永远不会变化。在狭义相对论中，时间是有参照系的，当你的速度越快，相对于速度慢的物质，你的时间的流逝就变慢了；因此可以说，当你追上光速时，时间对你而言就静止了。而在广义相对论中，爱因斯坦将万有引力解释为时空弯曲下的作用，从而得出时间的流逝在不同的地点是不一样的这一结论。比如在黑洞旁边，时间流逝的速度接近于无限慢。

四、时间与生命

时间与人有着太多的关系，我们的生活永远都离不开时间的概念。比如睡得晚了，第二天就会觉得工作起来很吃力，或者我们有时候晚上会失眠，白天打瞌睡，时间就会发生紊乱。很奇妙的是，我们一天24小时的作息基本上跟日出和日落不谋而合，这或许是人类长期演化的结果。

有一位名叫谢弗瑞的法国小伙子曾做过一个实验，他想知道人一天的作息是否存在某种规律，于是他挖了一个地洞，在里面住了几个月。然后，有趣的事情发生了。一开始，他的生活还挺规律，一日三餐按时吃，该睡觉的时候睡觉。

后来，他记录的时间就开始跟外部的时间出现差异了。比如，我们在地面上、阳光下生活，醒着的时间通常是16个小时，睡眠的时间是8个小时。可是谢弗瑞发现，有时候他醒来6个小时后，就又接着睡了；有时候却会长达40个小时不睡觉，他的生物钟开始紊乱。

但是几个月后，他回到地面上，把记录的时间计算了一下，发现平均每天醒着的时间依然是大约16个小时。这样就得出一个结论：即使我们看不到阳光，我们的生物钟依然在运转，平均下来还是很准确的，只不过每一天会很混乱。

还有一个人曾经做过一个实验，他把一只海蚌放到远离大海的地方，他发现海蚌会按时地张合，而且它所遵循的时间与原先它在大海里生活时所遵循的时间是一样的，也是依照潮涨潮落的规律。虽然远离了大海，但海蚌依然记得潮涨潮落的时间，这就证明了生物在生理方面是有生物钟的。

那么人为什么要睡觉呢？这个问题并没有一个准确的答案，但是有一点是肯定的，人必须睡觉，否则记忆会衰退，甚至会猝死。因此，可能是大脑要遵循人体的生理规律，人只有按时睡觉才能

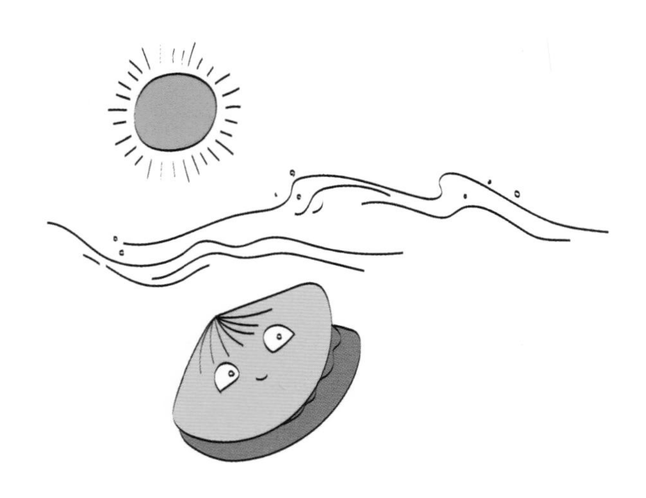

· 海蚌具有生物钟

清理大脑中的神经元和神经回路，这种清理的过程其实就像钟表的运行过程一样，必须要完成，否则就会令人感到非常难受。

还有一个问题是我们经常会问到的：我们为什么会长大、衰老和死亡？

对于人的衰老现象，生物学上有许多观点，其中有一种观点认为这是基因早就设定好的。过了二十几岁，人到三十多岁的时候就开始衰老，这是因为在二十多岁时，人已经有能力完成生育繁殖过程，为了把充足的生活资源留给子孙后代，大自然就必须让人在三十多岁时开始衰老，直至死亡。

物理学也有自己的观点。根据热力学第二定律，有一些过程是不可能逆转的，比如一枚煎鸡蛋不可能变回一枚生鸡蛋，鸡蛋被煎熟这个过程是不可逆的。随着年龄的增长，我们大脑中储备的知识越来越多，然而到了一定年纪，我们遗忘的知识也越来越多。这说明大脑功能的减退也是不可逆的。同理，生命衰老的过程也是不可逆的。

五、时空穿梭

既然生命的衰老是不可抗的，那我们可以用现在的身体回到过去，或者去到未来吗？黑洞可以帮我们实现穿梭时空吗？

当光跑到黑洞里面，它被强大的引力拽住，跑不动了，在黑洞之外的观察者眼中就是光跑得特别慢，但是光速是永恒不变的。如果把放有时钟的匣子放在黑洞边上，这个时钟显示的时间相对任何空间都会变得奇慢无比。为什么呢？接下来让我们一种非常直观的方式解释一下。

让我们假设，一块表以接近光速的速度运行。当我们收回它时，会发现它显示的时间变慢了。比如说，这块表以光速的99%的速度运行，一年后收回它，你会发现这块表的时间只过了几个月甚至更短，远不到一年。为什么呢？这可用一个实验来解释。

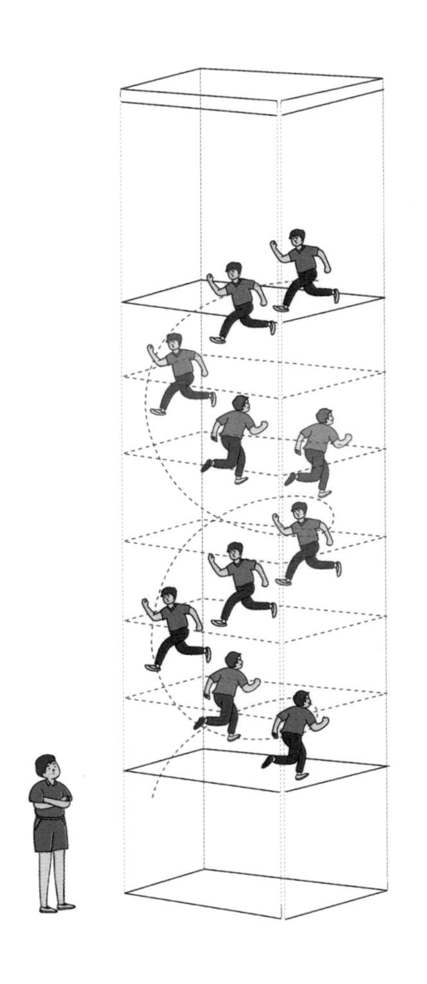

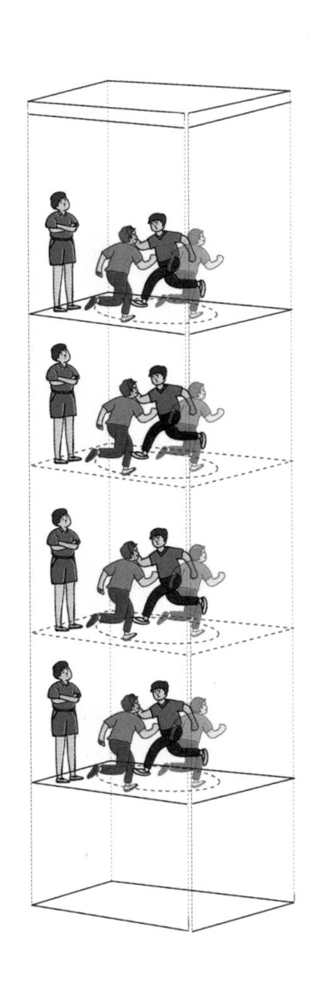

· 观察者的位置导致消耗的时间不同

假定不用普通的表，而是用光制作一块表，比如用一个匣子，把光关在里面，光在里面跑来跑去，跑了多少圈就是多长时间。现在请设想一下：让这个封闭的匣子以很高的速度运动，由于光速不变，而匣子也在运动，对于位于地球上的观察者来说，光实际运行的路程远远比匣子静止时光在匣子里运行跑的路程多，因此消耗的时间长。可是如果观察者跟着匣子一起运动，对观察者来说，匣子就是静止的了，因此在观察者看来，光在匣子里运行的路程比观察者在地球上看到它运行的路程要短很多，因此消耗的时间也就没有那么长。这就是爱因斯坦的时间相对论原理。

电影《星际穿越》里有一个非常浪漫的场景：一群人前往黑洞边缘探测米勒星，把一名队友留在远处的一艘宇宙飞船上。几个小时过去了，他们回到宇宙飞船上，发现这名队友变得非常衰老。原来，对于离开的人而言，时间只流逝了几个小时；可对于这名留下的队友而言，时间已经过去20年了。队友说："我等了你们20年，我还在解我的引力方程，还没解出来，可是我已经老了。你们怎么还那么年轻啊！”根据相对论的解释，我们可以理解，是黑洞让离开的人的时间变慢了。

如果有一天我们真的制造出人工黑洞，到时倘若你想做一次时间旅行，比如看一看1000年以后的世界是什么样子的，大可到黑洞边上待一阵子再回来。这时，你原先生活的地方已经经历了1000年的时光，可是对你来说好像什么也没发生，你依然很年轻。

理论上，黑洞可以使人类穿梭到现有生命达不到的未来，尽管这个“未来”可能是平行世界中的未来。但是我们现在的科技力量是无法造出黑洞的，不知今后人类的科技能否进步到实现穿越时空的水平。

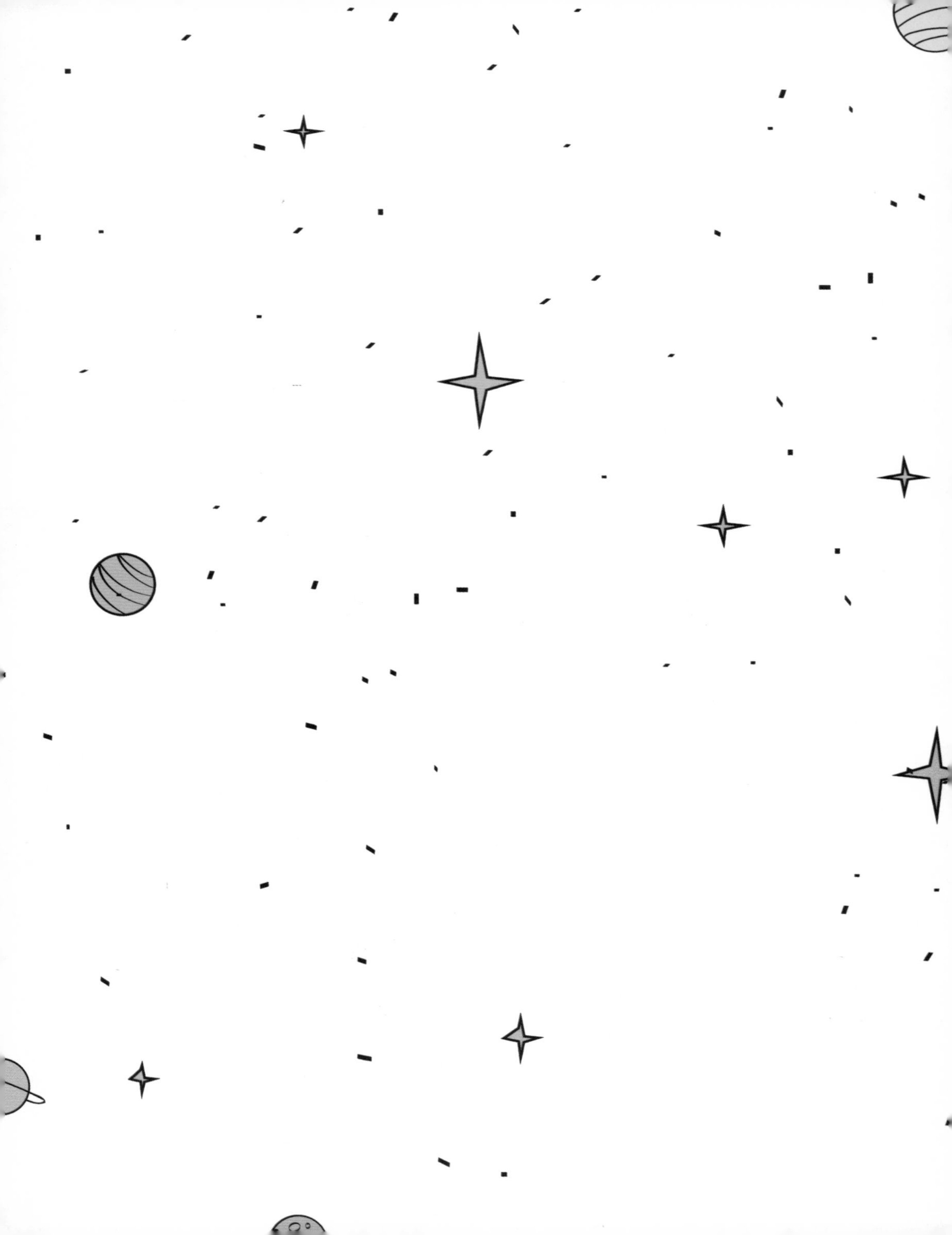

第 8 章

相对论重新定义时空

爱因斯坦分别在1905年和1915年提出了狭义相对论与广义相对论。尽管其相对论或许不是绝对真理，但爱因斯坦推演出的理论直至100多年后的今天还在被不断地验证。不论在多遥远的未来，相对论的提出都会被视作一个里程碑式的成就。接下来，我们来简单谈谈狭义相对论和广义相对论的推演过程。

一、相对论产生的背景

1922年，在日本的巡回讲演过程中，爱因斯坦回答了他是如何发现相对论的这个问题。

麦克斯韦在1873年发表了电磁学基本公式，从理论上讲，电磁波的速度与光速完全相同，这一预言后来就被赫兹所证实。1881年，迈克逊和莫雷通过实验证明，光速不受地球速度的影响，是不变的常数。

新的电磁理论与传统物理学中的伽利略变换相矛盾。为了解释这一矛盾，爱因斯坦提出了相对论。

二、狭义相对论和广义相对论的区别是什么

相对论是什么？狭义相对论和广义相对论有什么区别？

首先我们要掌握“光速永恒不变”这一概念，这是相对论建立的前提。

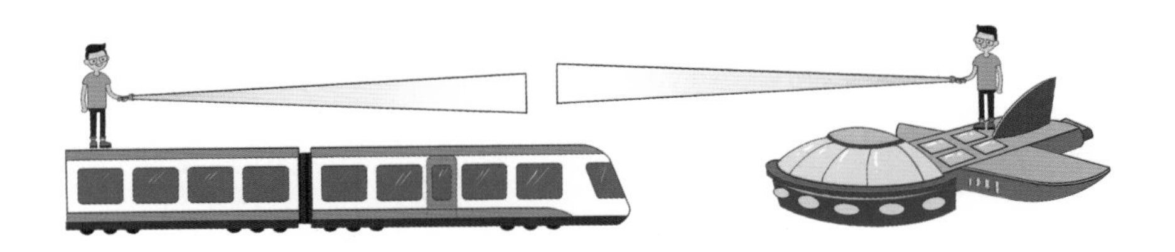

· 光速恒定不变

所谓“光速永恒不变”的意思是，无论你以多快的速度来追赶光，都永远不可能追上它；无论观察者是坐在火车里面还是坐在宇宙飞船里面，所观察到的光速都是一样的。这是爱因斯坦在1905年发现的现象，后来不断地被后来的物理学家所证实，这也是狭义相对论建立的前提。

光速到底有多快呢？我们在前面提到过，光速的大约数值是每秒30万千米。1983年，国际计量大会把光速定为每秒299792458米，也就是说，一颗光子在1秒钟以内就可以绕地球七圈半。

回到刚才的问题：狭义相对论和广义相对论具体有什么区别？举个例子：按照狭义相对论的效应，一座钟在运动的时候，走时会变慢，这也是我们在前面所举过的那个例子。而按照广义相对论的效应，一座钟放在黑洞边缘的时候，走时会变慢。也就是说，狭义相对论中并不存在黑洞。黑洞的存在前提是万有引力的存在，因为万有引力的存在，质量会改变时间和空间。

而在狭义相对论中，虽然时间和速度有关，空间也和速度有关，但是时间和空间本身与物质本身无关。有了黑洞之后，时间会变慢。也就是说，在广义相对论中，时间的流逝在不同的地点是不一样的。而在狭义相对论中，所有空间上的点的时间流逝速度都是相同的，时间的变化只是在不同的参照系里面。这就是狭义相对论和广义相对论的区别。

1905年，爱因斯坦作为一位年轻的专利局三级技术员，已经在伯尔尼工作4年了。在这4年中，他不仅成为一名称职的电子器件专利评估员，还完成了自己的婚姻大事，并生了长子。第四年则是最为奇迹的一年，这一年里，他想清楚了好几件事，每一件事都值得其他任何一位物理学家骄傲一辈子。在这些事情当中，最出名的就是相对论。

严格来讲，那时的爱因斯坦也不知有“相对论”这样一个名字，他将他的理论称为电动力学。后来我们知道，这是一个关于时间和空间的理论，是一个关于光速是最大速度的理论。相对论是20世纪现代科学的第一次革命。同一年，在一篇只有4页的论文中，爱因斯坦用理论证明了任何质量都等价于一定的能量，也

· 爱因斯坦

就是人们熟知的质能方程。

一个质量（m）里到底含有多少能量（E）？爱因斯坦告诉我们，能量等于质量乘以光速（c）的平方，也就是$E=mc^2$。

继爱因斯坦改变了我们的时空观之后，他又给我们带来巨大的正能量。以地球上的一滴水为例：这滴水，直径不到5毫米，重量只有50毫克左右。现在，让我们用爱因斯坦不朽的公式计算一下这滴水蕴含的能量：我们发现，它的能量居然高达45000亿焦耳。

大亚湾核电站一年的发电量大约是16亿亿焦耳，也就是说，大亚湾核电站一天的发电量不到这滴水蕴含的能量的100倍。当然，核电站一般是利用核裂变来产生能量的，而不是将物质的质量直接转化成能量，否则大亚湾每天只需要5克水就足够发电了，这些水还不够润一下嘴唇的。

有人说，爱因斯坦的相对论是世界上最美的理论，其最绝妙之处就在于，一旦你掌握其精髓，就会发现它是一个简洁无比、精妙无敌的理论，几乎可以为我们所有的好奇心提供解答。

爱因斯坦不断给自己构建无数的假设和“如果”。科学家最喜欢问“如果”，或者说，我们人类最喜欢问“如果”。“如果”问多了，一个普通人就成了科学家。世界上最离奇的事情，莫过于人对问“如果”这件事情的喜爱，而比这件事情更加离奇的，则是所有的“如果”居然都有答案。

换句话说，宇宙和宇宙中的人，就像是一个巨大问题黑洞的产物，而这个问题黑洞设计得非常周全，具备以下几个特点：第一，能够发问的人可以在宇宙中出现；第二，宇宙的运行有条不紊，所以人的问题几乎都有解答；第三，不但有解答，宇宙的运行方式使得人类能够获得这些解答。

如果你没有问过“如果”，不具备对问题的求知欲，可能不会觉得以上三点值得称奇，也不会觉得宇宙和人类背后藏着那么多的秘密。

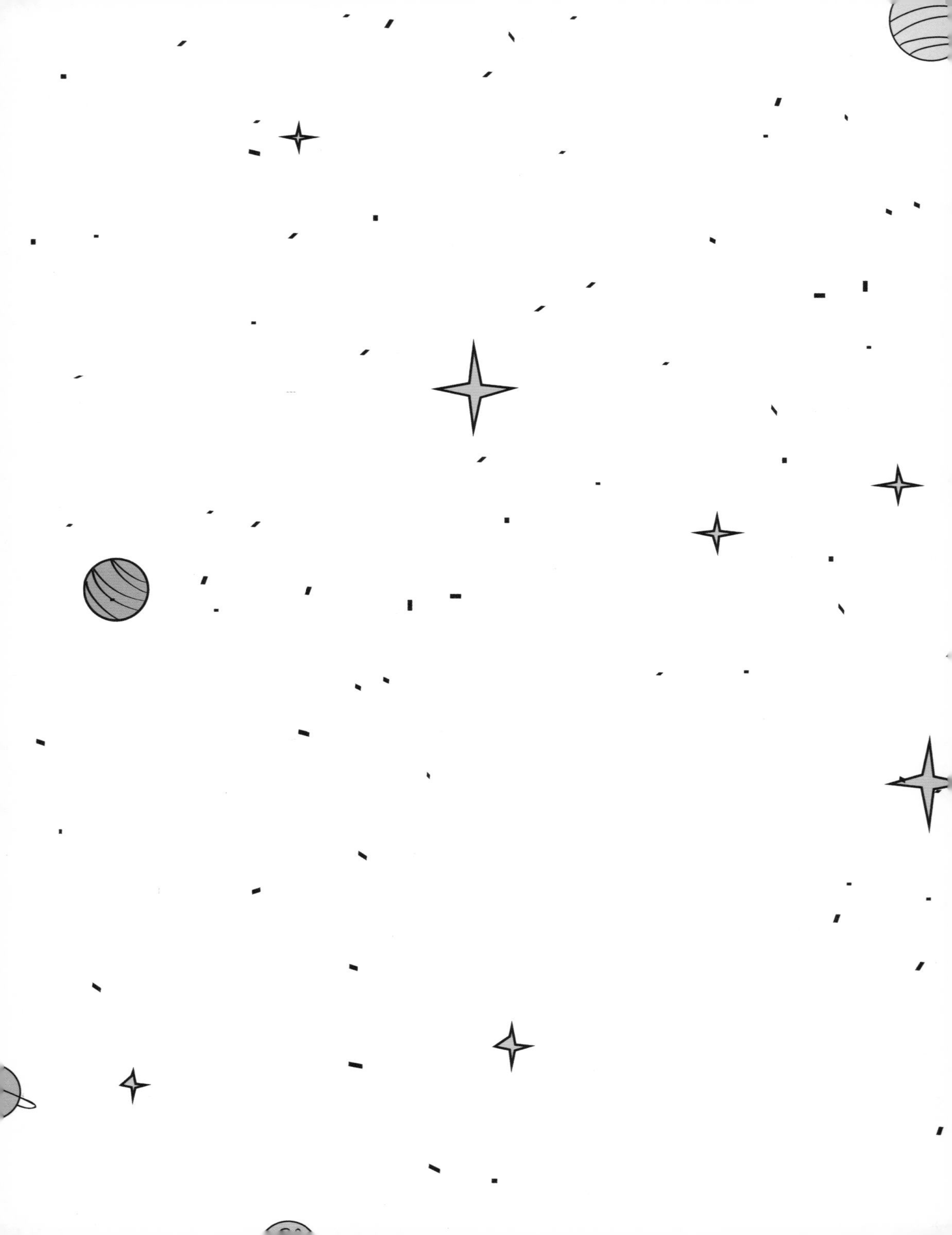

第9章

黑洞是什么

黑洞是大家非常熟悉的话题。不仅在科幻小说中经常会出现关于黑洞的内容，在日常生活里我们也会时不时地聊到黑洞。黑洞到底是怎么形成的？黑洞长什么模样？黑洞的寿命结束后又会变成什么呢？我们可以通过黑洞穿梭时空吗？

一、黑洞是怎样形成的

早在几个世纪以前，法国物理学家拉普拉斯就预言过黑洞的存在，他的理论依据是牛顿的万有引力理论。

在地球上，我们能够感受到自己的重量，这是地球对我们产生的万有引力。要想逃出地球，就必须以所谓的宇宙第二速度，即每秒11.2千米，才能逃离地球的引力。速度跟引力之间有关系，速度越大，能够克服的引力越大。同理，要想在太阳表面逃离太阳的引力，就需要更高的速度。那么，要想从地球逃出太阳系，就要达到每秒16.7千米的第三宇宙速度。

倘若引力变得越来越大，逃离的速度也会越来越大，大到最后有可能达到光速，因为光速是世界上最快的。如果引力大到连光速都逃逸不出去的程度，它就是黑洞了。这个世界上再也没有任何物体可以逃出黑洞，逃出它的万有引力，就像拉普拉斯当年想象的那样：如果把一个天体的质量增大到一定程度，万物就都逃不出去了。

但是，这并不意味着天体质量大到一定程度就会变成黑洞。银河系质量很大，它大约有1.5万亿个太阳那么重，其中还包含着质量更重的暗物质，但是银河系并不是黑洞，因为银河系太大

· 黑洞的引力大到光都逃不出去

了，无法形成黑洞。

这是为什么呢？因为仅仅满足质量和引力方面的条件是不够的，还要满足尺寸方面的条件。尺寸小，万有引力才足够大。我们知道牛顿的万有引力定律，其中既包含了质量条件，也包含了距离条件，万有引力的大小跟距离大小的平方成反比。

举个例子，太阳不是黑洞。它的表面温度高达6000摄氏度，倘若不考虑它的温度，人在太阳上面也很难生活，因为太阳的万有引力太大了，人类到了那里会感觉重量太重了，就连弯着腰、弓着背都站不住。太阳的质量相当于地球的几十万倍，如果我们把太阳的直径压缩到只有3000米左右，那么这个时候，太阳表面的引力会强大到连光都逃不出去，黑洞就形成了。

2015年，LIGO（美国激光干涉引力波天文台）探测到两个黑洞合并，并辐射出引力波，引力波的形成需要两个条件：其一，黑洞质量足够巨大；其二，黑洞体积比较小。只有这样的黑洞才具有强大的万有引力，才能产生强大的引力波。

第 9 章

黑洞是什么

在宇宙中，通常是十几个太阳质量的黑洞比较多。黑洞是这样形成的：一开始会有一颗很大的恒星，通常有二十个太阳质量那么重，它燃烧到最后，抛射出大量的物质，但是总有一部分抛射不出去。这部分物质在万有引力的作用下体积持续变小，一直小到十几、二十几千米或者三十几千米的维度，这样就形成了黑洞。在宇宙中，接近恒星质量的黑洞比比皆是。

银河系中间有一个超级黑洞，它的质量比恒星大得多，相当于几十万个太阳，但银河系中间的这个超级黑洞并不是最大的黑洞。在很遥远的地方，人类还发现了一些比这个超级黑洞大很多的黑洞，最大的可以达到几百亿个太阳质量，接近整个银河系的大小，有的甚至可达到上千亿个太阳的质量。而且，天文学家通过观测发现，几乎所有的星系中间必然存在一个超级黑洞。

星系是什么概念呢？星系就是由千亿个、数千亿个甚至上万亿个恒星形成的一个集团，就像银河系一样。这些星系中间的超级黑洞，小到像是银河系中间的这一个，即几十万个太阳质量，大到上百亿个太阳质量。我们经常会听说“活动星系核”这个词，这个名词比较抽象，说白了就是星系中间的巨大黑洞，它的万有引力爆发出巨大的能量，因此我们把它叫作活动星系核。

所以，实际上天文学家对黑洞是非常熟悉的，因为它们无所不在。除了数量众多的恒星级黑洞，几乎每个星系里面都存在超大质量的黑洞。我们已经说过，宇宙大爆炸是从一小块空间变成今天这么巨大无比的空间，它是在膨胀；而黑洞则恰恰相反——黑洞是从更大的空间坍缩成更小的空间。因此，宇宙历史就像黑洞历史的倒叙，如同一部电影倒着放映。

二、黑洞长什么模样

坦率地说，我们没有办法严格定义黑洞长什么样，因为它的光跑不出来，它是漆黑一片的。在黑洞之外的人永远没办法知道黑洞内部发生了什么，也就是说，光无法逃离黑洞，从而就没有任何信息从黑洞逃离出来。物理学家将光都不能逃离的边界称为“视界”，也就是黑洞的边界。

其实早在18世纪，拉普拉斯就推测出了这个边界。拉普拉斯是法国分析学家、概率论学家和物理学家。值得一提的是，他曾是拿破仑的老师，和拿破仑结下了不解之缘。

拉普拉斯指出，黑洞的视界与万有引力常数以及黑洞质量成正比，与光速的平方成反比。对于拉普拉斯来说，获得这个结果的过程很简单，他要求光能够克服万有引力的势能并逃离出来，这就要求光的动能不能小于引力势能。

引力势能距离黑洞越近就越大，因为它与距离成反比，但光的动能不变，必定存在一个最小的距离，在那里，引力势能正好等于动能——这个最小的距离就是视界。假如光的能量与光速的平方成正比，而引力势能与引力常数以及黑洞质量成正比，我们就推出了结论：黑洞视界与万有引力常数以及黑洞质量成正比，与光速平方成反比。

黑洞是怎样被发现的呢？虽然我们没办法严格定义黑洞的具体形态，但是天文学家还是能探测到黑洞的，因在黑洞边上有恒星，有分子云，还有其他一些物质，受到黑洞强大的万有引力的影响，这些物质有的时候会直接掉入黑洞中，有时候它们的运动速度变得越来越高，物质电荷之间发生相互加速，从而辐射出电磁波，我们就可以通过电磁波发现黑洞的位置。

在《星际穿越》里面出现过类似视觉效果的巨大黑洞，黑洞外面有着亮环，这些亮环就是这个巨大的黑洞边缘的一些分子。它们绕着黑洞转动，速度越来越快，当然也就变得越来越亮，形

· 黑洞

成了人类可以看到的亮环。我们就是通过这种方式发现黑洞的。

虽然我们看不见黑洞，但是物理学家其实对此有一个很直观的想象。前面讲爱因斯坦的相对论时提过：在黑洞边缘，时间的流逝会变慢，时间会出现拉伸、扭曲现象，黑洞边缘的1秒钟，可能就相当于地球上的1年甚至一个世纪。

让我们假定把一个人扔进黑洞，作为外部观察者，我们会看到这个人永远漂浮在黑洞的表面，这个奇怪的现象就是时间变慢带来的效果。作为被扔进黑洞的那个人，他的体验则与我们作为外部观察者所观察到的不一样，因为他的时间与我们的时间不一样。他会感觉到自己在飞快地掉进黑洞，甚至撞上黑洞的奇点，然后被撕扯而亡。但是，我们在黑洞外面观察到的时间是无限地变慢的，因此这个人似乎永远漂浮在黑洞的上方。

所以，我们既可以将宇宙看成黑洞的反演，还可以将看到的宇宙比喻成黑洞的内部。也就是说，宇宙存在一个边缘，这个边缘就是正在反演的黑洞的视界。站在黑洞外边的人永远不能再看到落入黑洞的物体，与黑洞类似；而站在宇宙内部的人永远不可能再看到“落出”宇宙之外的物体，这个边界就是视界。任何物体一旦跑出视界，我们永远不会再看到它了。这会带来一个问题：如果光速降低，宇宙的边界是不是就更大了呢?

如果将边界扩大，你就不可能固定宇宙的总质量，宇宙的总质量与边界内的体积成正比，因为宇宙中的星系密度大约是

不变的。增大边界，就意味着增加边界之内的星系，从而增加了总质量。结论是，我们只能固定宇宙的质量密度，这么做的后果是，宇宙的边界与光速成正比，如果光速减低一半，宇宙的告别边界也降低一半。

前面我们说过，宇宙是在加速膨胀的，而宇宙加速膨胀的后果是，宇宙更像一个黑洞的内部了，或许不仅仅是像，它可能就是一个黑洞的内部。如果是这样的话，宇宙确实存在一个告别边界，我们以及我们的后代永远不能看到这个边界之外。这是一个宿命式的限制，和前面提到过的当下看到最远的距离完全不一样，那个距离仅仅与现在有关，而告别边界一旦存在，它就永远存在。即使你能活一亿亿年，目光也只能被局限在这个边界之中。

三、黑洞最后会变成什么

普林斯顿大学有一位传奇式的物理学教授约翰·阿奇博尔德·惠勒，他是20世纪美国最有名的、或者说是最厉害的物理学导师，他带出了理查德·菲利普斯·费曼、雅各布·贝肯斯坦等在物理学界赫赫有名的学生；同时，他也是20世纪60年代第一个发现天体是可以形成黑洞的人。在此之前，黑洞只是一个数学上的概念。

爱因斯坦曾推测，恒星燃烧到最后会产生巨大的压力来平衡万有引力，因此一个巨大的恒星是可以变成黑洞的，他刚开始提出这个概念时，谁都不相信，就连爱因斯坦自己都不相信。但是过了20年，天文学家终于通过观测发现黑洞是存在的。

但在这里，我们要说的主角不是爱因斯坦，而是惠勒的学生——贝肯斯坦，他被称为黑洞热力学的巨擘。他有一项巨大的贡献，就是提出黑洞里面含有很多信息的观点。

20世纪70年代初，贝肯斯坦发现，黑洞并不像我们想象的那样是光秃秃的一片，其实，它包含着巨大的信息量。如果说我们想制造世界上最大的硬盘，那么黑洞就是这样的硬盘，因为它含有的信息量最高。后来，这个理论被称为贝肯斯坦熵。然而，英国著名物理学家斯蒂芬·威廉·霍金却不相信贝肯斯坦的发现，还专门写文章进行反驳，可是最后却发现这一理论无法反驳，贝肯斯坦的观点的确有其道理。

而后，在贝肯斯坦熵的理论基础上，霍金进一步发现，黑洞演变到最后是要发光的。这听起来很奇怪：我们说黑洞是黑的，因为光都逃不出来；而霍金却发现黑洞其实是会发光的，而且任何黑洞都会发光，哪怕是星系中间的上千亿个太阳质量的巨大黑洞也是会发光的。

事实上，我们之所以看不到那些光，是因为黑洞发出光的波长太长了、太弱了，我们探测不到。根据霍金的理论，黑洞只有在质量非常小的情况下才会变得非常亮，估计质量要小到千分之一、万分之一克这个程度。天文学家有时候会在天上观测到一些偶然一闪的东西，有人认为，这就是小型黑洞最后爆发出来的光。

根据霍金的理论可以推演出，黑洞一开始是进行渐进、慢速的辐射，我们用肉眼看不见这些辐射，但是到了最后一刹那，当黑洞质量变成千分之一克、万分之一克的时候，会照出一个非常辉煌的结尾，也就是黑洞的爆发。但非常遗憾，这样的爆发我们在地球上是见证不到的，因为我们没有办法制造黑洞。

· 霍金

当然，霍金的理论恰恰来源于贝肯斯坦的理论，贝肯斯坦第一个发现了黑洞应当有温度、有熵、有信息，虽然在20世纪70年代，所有的物理学家都不相信他的理论。起初霍金也不相信，但是通过研究，最终霍金不仅相信了，还提出黑洞会发光的观点，这就是著名的“霍金蒸发”。

· 黑洞通往另外一个宇宙

接下来让我们聊一个有趣的话题：奇点是什么？

我们先来纠正一下这个词的读音。包括一些科幻作家在内，很多人把“奇点”这个词念成“jī点”，这其实是错误的念法。奇点的正确发音是“qí点”，因为在英文里面，奇点是单独、奇怪的意思，不是奇数的意思，而黑洞就是单独的一个点，并不是奇偶数概念上的意义，所以应当读成“qí点”，而不是读成“jī点”。这是我们首先需要澄清的事情。

言归正传，我们前面讲过，巨大的恒星燃烧到最后，燃烧的压力抵消不了万有引力，所有的物质都会向一个地方坍塌。坍塌到最后，总应当有一个去向。那么，根据爱因斯坦的理论，我们发现，在万有引力的作用下，在有限长的时间里，所有物质坍缩到一定程度，都汇聚在一个地方时，就再也坍缩不下去了，时间也消失了。这个地方形成了一个点，这个点就叫作奇点。

奇点似乎比较抽象，毕竟我们没有办法跟着黑洞一起坍缩，但是我们可以进行反推。如果把黑洞形成的过程当作电影倒着播放，那么就变成了黑洞的爆发过程，本来是向里面收缩的，现在

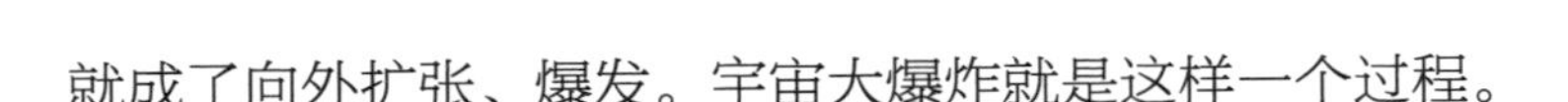

就成了向外扩张、爆发。宇宙大爆炸就是这样一个过程。

根据纯粹的数学上的宇宙模型，大爆炸一开始是没有空间的，它的开端是一个点，这个点是奇点，在此之前时间也不存在，一切都是从这里突然开始的。宇宙大爆炸的这个点也叫作宇宙学奇点，时间从这里开始；而黑洞的奇点则是所有的物质都“撞”到一个点上，此后就没有时间了，意味着时间在这里结束。但是，在黑洞里面，空间和时间到底是不是真的结束了？就此还存在许多争议。

我有一个名叫里斯毛利的朋友，他是一位在加拿大工作的美国物理学家。他认为，奇点以后还是有时间的，只不过进入另外一个宇宙了。这个观点在数学上是说得通的，也非常奇妙，用数学的方法把它解开后，你会发现别有洞天，如同开了一扇门，这扇门通往另外一个宇宙。里斯毛利认为，每个黑洞的内部都通往另外一个宇宙，我们的宇宙或许就是这样诞生的。

有人猜测，我们的宇宙其实起源于黑洞坍缩。这在物理学逻辑和数学逻辑上是说得通的，但到底对不对，目前还没有人知道，因为这样的实验很难实现。自从科学家推测出黑洞的存在后，奇点就揭开了它的神秘面纱。从那个时候开始，物理学家始终面对着这个难题——奇点之后是什么？这是一个需要面对和解决的问题。

四、我们可以通过黑洞穿梭时空吗

关于黑洞，还有一些经常被问到的问题：我们能回到过去吗？我们能改变过去吗？我们的人生是不是可以从18岁的时候开始重新来过，重新参加一次高考，考上清华北大？

对于这些问题，普通人会想到一些文学作品、影视剧里的“穿越”。在这样的作品里，穿越到其他年代似乎不是难事，但原理又非常模糊。实际上，物理学家也思考过这些问题。他们认为穿越是有可能的，但十分困难，因为要想实现穿越，首先要解决一些问题。

第一个问题就是“祖父悖论”。

假如你可以回到过去，回到你祖父十几岁的时候，你有机会遇到你的祖父，甚至和他交朋友，并想办法改变他的人生。可是，这里就存在一个悖论：当你改变了祖父的命运轨迹，他很可能就不会遇到你的祖母，也就不会生出你的父亲。如果没有你的父亲，那么怎么会有你呢？如果没有你，那么你怎么可能回到过去，跟你的祖父交朋友，又改变他的人生呢？

物理学家认为这样的悖论很难解决，但他们依然想出了一些巧妙的解决办法，比如可以利用平行空间：你回到另一个宇宙的过去，见到另一个宇宙里的你的祖父，而在原先的宇宙中，你的祖父依然会遇到你的祖母，生下你的父亲，然后有了你，矛盾就这样解决了。

除此以外，物理学家还有一个简单粗暴的办法，就是让你回到过去，并依据一些自定的物理学规律，从而不让你和你祖父交上朋友，甚至连一句话都搭不上，这样就不会产生恶劣的后果了。

第二个需要解决的问题就是怎样回到过去。物理学家提出来的对策，是大家常说的虫洞。虫洞的原理是什么？

虫洞的原理非常简单。虫洞其实就是一个洞，但它不同于老鼠洞，也不同于我们在地面上打出来的洞，或者虫子在苹果里面挖出来的洞。简单理解，虫洞是在空间之外开出来的洞。

我们举个例子，要在北京和上海之间搭一座桥，要求这座桥的长度和普通的桥一样，只有几十米，可是北京和上海之间的实际距离有1000多千米。怎样才能搭建这座几十米的桥呢？或许你会觉得这是天方夜谭，但是我们有办法解决这个问题。我们可以让这座桥不处于我们的空间之内，而是跨越空间之外。这样一来，从北京到上海就很近了，这就是虫洞。

那么虫洞又如何让我们回到过去呢？很简单：比如假定现在有一个虫洞连接上海和北京，在上海的虫洞边上放一个黑洞，假定你所处的时代是2200年，大约是《星际迷航》里的时代，你进入黑洞，时间慢了下来，你在黑洞里面过了10年，其实黑洞外面已经过了200年。然后你会发现，北京和上海通过虫洞搭起来的时间流逝也一样，也就是说，你在虫洞外面过了200年，而虫洞两端的北京和上海只过了10年。

第 9 章

黑洞是什么

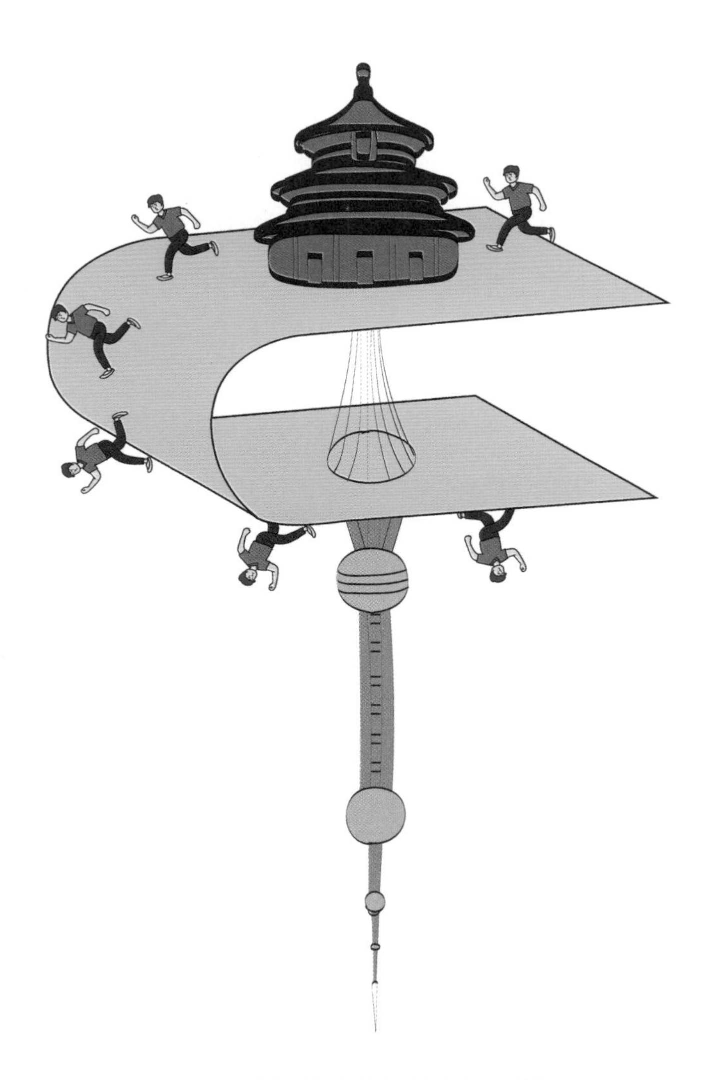

· 一个连接上海和北京的虫洞

因此，即便你从23世纪回来，还是会回到20世纪，因为你只过了10年。简单来说，虫洞可以让时间变慢，你穿越虫洞回到过去，从上海的23世纪，回到了北京的20世纪，或许你就可以改变北京的历史了。当然，我们前面提到了改变历史会出现祖父悖论，所以你可以回到另外一个世界的北京，那个世界的北京也许没有污染，也许污染从来没有出现过，也许污染早就被治理好了，希望你能回到一个没有污染的北京，祝你幸运！

但这一切都是理论之谈。实际上，虫洞的实现非常困难，因为物理学家打造一个虫洞需要耗费的能量是难以计算的，尤其是负能量，它的获取方式至今还没定论。这里说的“负能量”，不是我们日常生活中的负面、消极情绪的同义词，而是一种物理学的说法，用来表示维持虫洞在宏观世界中稳定存在的必须能量。

如何理解负能量呢？在我们的常识里，真空表示什么东西都没有，而在这里，负能量便存在于这真空中。因为量子的存在，令原本看上去一无所有的真空世界也有了物质的存在，而且真空中的量子非常活跃。为了让这些活跃的量子们乖乖平静下来，我们只能寻求空间负能量的帮助了，通过负能量可以去掉零点能以上的正物质。

那我们还有别的途径可以得到负能量吗？值得庆幸的是，理论上我们可以向黑洞借负能量。著名的物理学家、天文学家霍金曾经提出这样的一个假设：一对正反粒子，在黑洞强大的引力作用与能量守恒定律下，掉进黑洞中的那一个粒子就会具有负能量。如果可以对这个过程进行人工干预，那我们就可以得到负能量了。

负能量可以支撑虫洞、防止虫洞坍塌，如果在未来的某一天，人类可以获得足够的负能量，就可以维系虫洞的运行了，因为通过负能量产生的斥力可以抵消虫洞自身的引力，让现实生活中极其不稳定的虫洞平稳下来。

负能量还有一个用处就是制造曲率驱动引擎。空间推动飞船如果要以超光速在时空弯曲中运动，就需要通过曲率驱动引擎来制造出时空弯曲，时空弯曲的稳定也需要负能量来维持。

以我们现在的能力，是不可能造出虫洞的，但是我们完全可以期待人类在未来能够获取负能量，制造出虫洞，实现时空旅行。

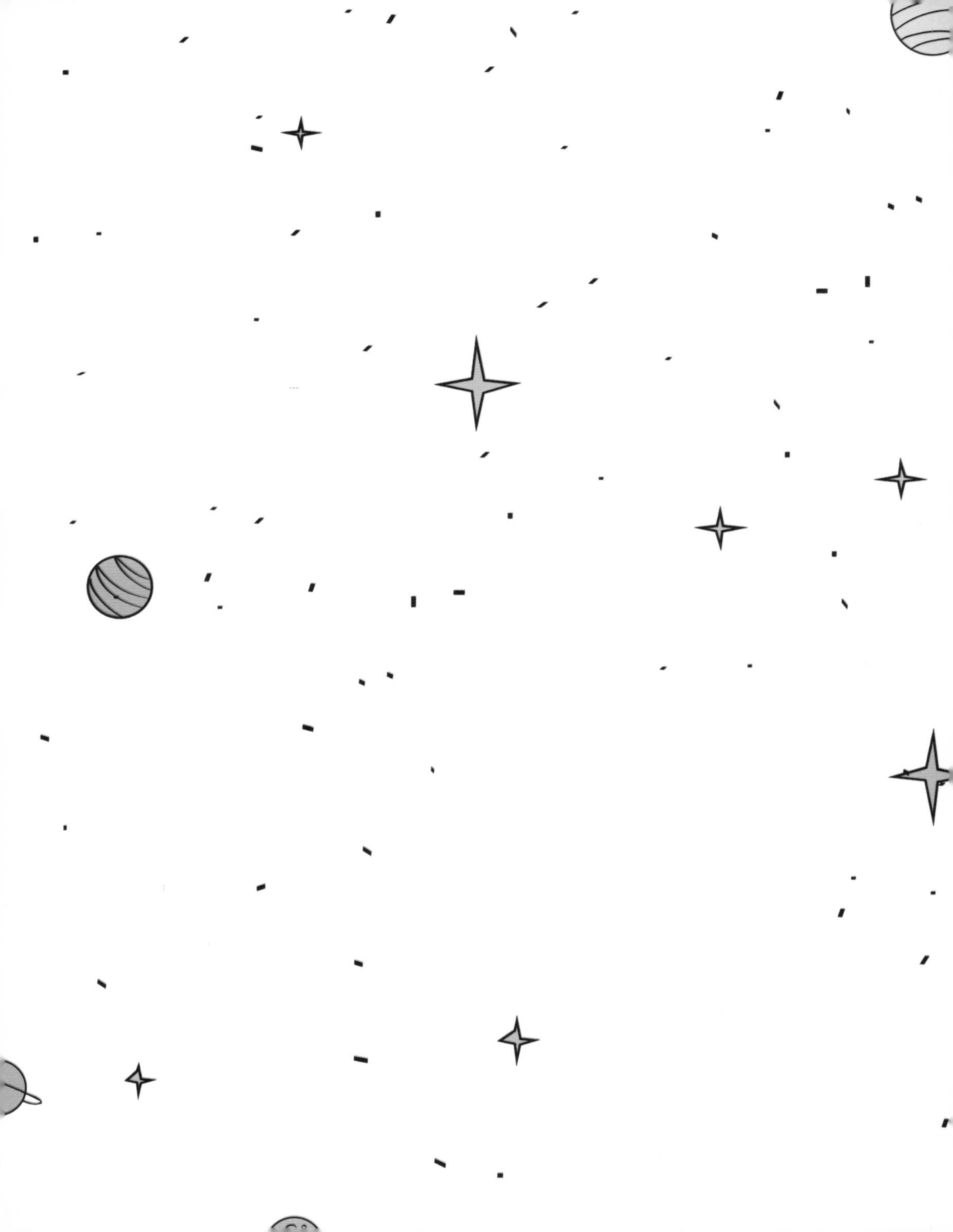

第 10 章

令人着迷的引力波

引力波是什么？人类是如何探测到引力波的？引力波在未来有哪些应用呢？

在了解引力波之前，我们首先要回顾一下电磁波。大家都很熟悉电磁波，它是在1888年由赫兹通过一个实验发现的，这个实验证实了19世纪英国著名物理学家麦克斯韦关于电磁波的预言。

麦克斯韦对电磁波的研究跟水波有点像。当我们把一颗石子扔进水里，就会产生水波。这是因为，水是一种介质，是有弹性的，石子在水里面振荡时，水的弹性就会产生一种效果，也就是水波效果。

但是麦克斯韦没有实际的介质可以利用，他只是写下一个方程，发现方程里的一个东西跟水波的效果一模一样，只不过这个波的速度非常快，快到跟光速一样。当时，天文学家已经通过观测行星的卫星测量到了光速的数值，也就是每秒近30万千米。于是，根据自己的发现，麦克斯韦预言，这个方程产生了一种新的波，这种波可以通过很多不同的形式展现出来。

其实，光波也是一种电磁波，只不过它的波长在400纳米到700纳米，是我们通过肉眼可以看到的。到了1888年，赫兹证实了麦克斯韦的预言，他通过电火花的放射测到了这个电磁波，他非常激动，感慨自己终于证实了本世纪最重要的预言。但是他没

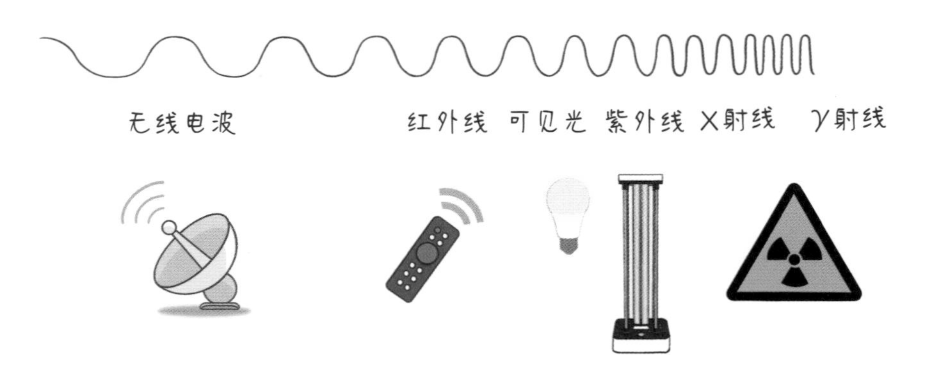

· 电磁波的各种应用

有想到，电磁波的发现会带来广泛的应用，例如后来诞生的无线电报、广播、电视，一直到今天的手机——电磁波是无处不在的，离开了电磁波，我们现代人根本没法生活。

那么引力波是什么呢？引力波其实跟电磁波类似，也就是说，我们可以在爱因斯坦的方程里面看到有一种波，这种波的速度居然跟电磁波一模一样，也是每秒近30万千米，而且这种波跟水波、电磁波一样，也是一种波动的形式，只不过它具有一种新的形态。但是，要想了解引力波具体是什么，我们就不得不再区分一下电磁波和水波。

电磁波不需要介质，就可以在我们生活的空间里产生。比如，你拿两个电火花打一下，电磁波就产生了。而引力波非常了不起，因为它跟电磁波一模一样，也不需要通过介质来产生。

爱因斯坦重新理解了引力，他认为引力是时间和空间弯曲的效应，而引力波其实就是引力的波动效应。它跟电磁波类似，是一种波动的形式，是无法通过肉眼观测到的。假设太阳

· 万有引力并不是一个超距作用，它需要
时间才能作用在物体上。

突然不见了，那么地球需要一段时间才能感受到太阳的万有引力消失了，这个时间就是引力波传播的速度，它与电磁波传播的速度是相同的。

二、引力波的探测

20世纪60年代，美国马里兰大学一位名叫约瑟夫·韦伯的教授宣称成功探测到了引力波。

韦伯认为，既然引力是空间的效应，那么引力波同样也是空间的涟漪、空间的震动。假定把一根杆放置在空间里，如果有引力波到达，空间发生波动，那么这根杆的长度就会发生变化。这种变化极其微小，我们无法通过肉眼观察出来，但可以通过物理手段测量出这种变化。

韦伯使用的实验道具是一根铝棒，利用的是压电效应。压电效应是什么呢？简单来说，就是空间上的变形会产生电的信号，而这种信号是可以接收到的。由于引力波的效应太小，为了保证真实地探测到引力波，必须通过像韦伯所做的这种铝棒实验来

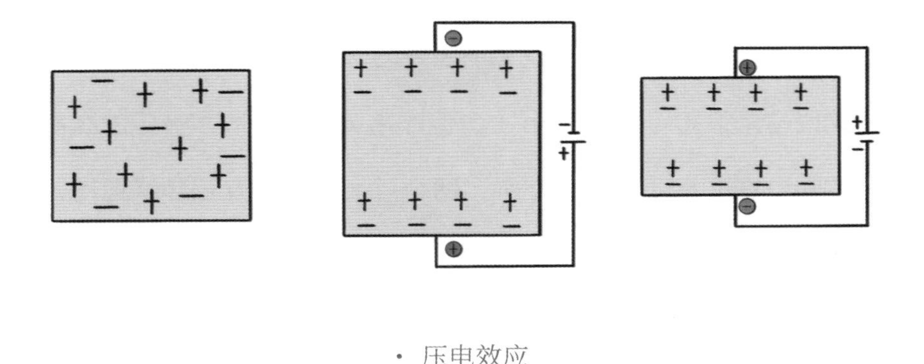

· 压电效应

验证，而且需要至少有三方同时观测到结果才能得到证实。很遗憾，韦伯的实验结果并没有被其他人成功观测到，所以这个结果一直未能得到证实。

而现在，科技再次进步了。LIGO团队的科学家们不使用铝棒，而是使用了更加灵敏、精度更高的测量仪器探测到了引力波。这个测量仪器由两个臂长4千米的构件组成，通过激光来感受空间的长度，可以探测到非常微小的变化。

科学家们不仅通过巧妙的办法探测到了引力波，还把这个波形通过计算机合成，转化成了一段人的耳朵可以听到的音乐，虽然这段音乐很短（短于0.1秒），但非常美妙。这段声音是怎么产生的呢？在非常遥远的太空中，两个巨大的黑洞互相环绕运动，突然合并成一个更大的黑洞，合并后的黑洞产生的巨大的引力波就是这段声音的来源。根据探测时间，人们将直接探测到的首个引力波信号命名为GW150914。

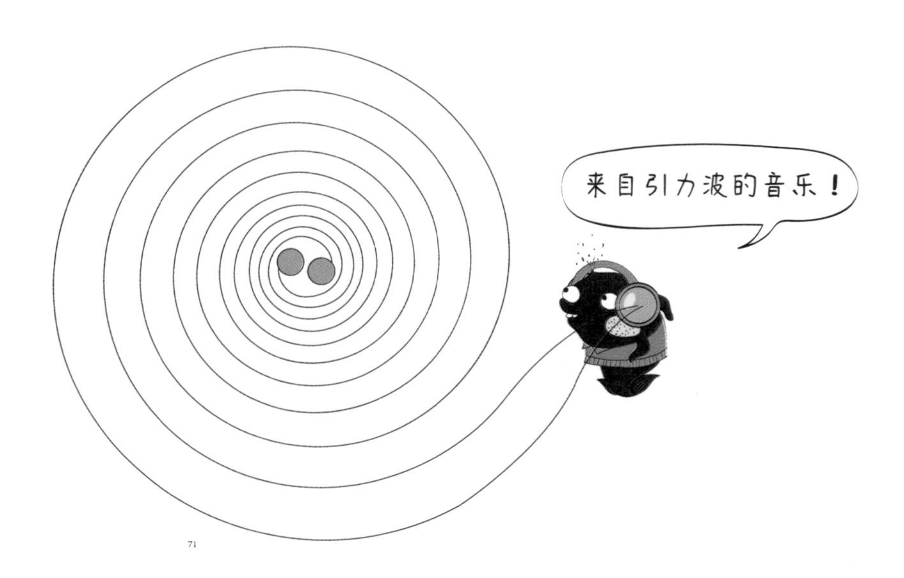

可以说，这是宇宙中最美妙的音乐，因为它是无法通过人工手段制造出来的。如今，我们已经可以通过电路震荡的手段来人工制造电磁波，但是还没有办法人工制造引力波，即使制造出来也是极其微弱的。我们只能接收宇宙中巨大的天体产生的引力波传到地球的声音，尽管它非常微弱、非常短促，但是科学家通过技术手段，可以捕捉到这样美妙的音乐。

引力波的发现到底能不能解开量子力学跟广义相对论之间的矛盾呢?

非常遗憾，这个发现还不能帮助我们解开这个死结。广义相对论与量子力学之间的矛盾可以用一个比喻来描述：张三和李四三观不合，要让他们在一个公司工作，他们是没办法合作的。而量子力学和广义相对论也是这样，它们之间三观不合，如果放在一起，是无法在逻辑上自洽的。

那么引力波被发现以后，它们之间是不是就可以三观相合了呢？不，依然不能。为什么呢？因为我们探测到的东西跟量子理论没什么关系，它只不过是两个巨大的天体扰动所产生的时空涟漪。

当然，这并不是说这个涟漪不重要。它的存在是非常重要的，因为它验证了爱因斯坦的理论，同时也为我们带来了一种崭新的波动形式。

也许在两百年以后，它会被我们人类应用到日常生活中。

三、引力波的应用

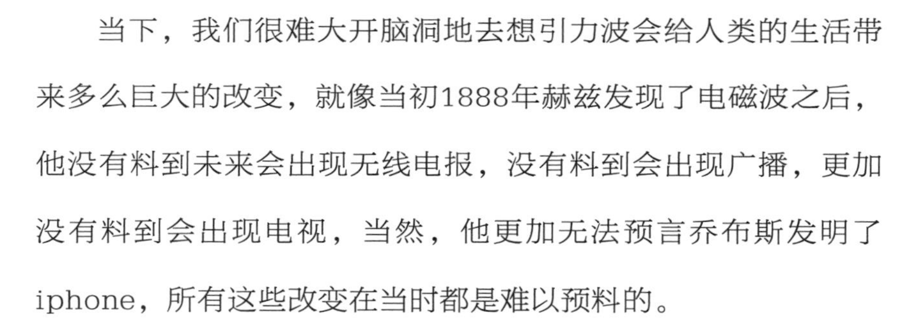

当下，我们很难大开脑洞地去想引力波会给人类的生活带来多么巨大的改变，就像当初1888年赫兹发现了电磁波之后，他没有料到未来会出现无线电报，没有料到会出现广播，更加没有料到会出现电视，当然，他更加无法预言乔布斯发明了iphone，所有这些改变在当时都是难以预料的。

同样，在今天，尽管引力波的预言已经过去了一个世纪，尽管我们真的发现了引力波的存在，但是我们依然很难预计引力波在未来将会有多么巨大的应用，现在关于引力波的未来应用，都还停留在想象和设计阶段。在未来，它也许会在日常生活中得到更广泛的应用，比如说科幻小说《三体》中提到的引力波天线，它能帮助未来的人类在太空中进行通信。

太空中有很多诸如分子云之类的东西，电磁波碰到这些东西时会被吸收，从而受到阻碍，这样一来，电磁波就不是一种理想的通信手段了。这个时候，引力波就派上了用场。尽管引力波极其微弱，但它不会被物质吸收，也不会受到物质的阻碍，从而可以穿透很多东西，比如地球。

既然引力波这么好用，那么有没有可能人工制造出引力波天线呢？

《三体》中的三体人发现了引力波，并且人工制造出了引力波，就像1888年赫兹人工制造出电磁波一样。由于人类在与三体人的对抗之中得到了平衡，于是人类要求三体人提供制造引力波天线的技术。

书中有一段内容描绘了引力波天线的具体形态。罗辑一家开车驶向引力波天线，远远地就看到了它，但是又行使了半个小时才到达它的旁边。他们看到的巨大的天线是横放的圆柱体，有1500米长，直径50多米，整体悬浮在离地面2米左右的位置。它的表面是光洁的镜面，一半映射天空，一半映射华北平原。

它大到什么程度呢？它会影响到天线之下的天气，令华北沙漠上出现一片小型的绿洲，这就是引力波天线影响天气的结果。大气的水汽在天线上方聚集，使得天线周围经常降雨，一块圆形的雨云就像晴空中的巨大飞碟一样悬挂在天线的上方，从雨中可以看到周围的阳光，于是这个区域就长出了丰茂的野草。

这样的科学幻想到底有没有可能？要回答这个问题，就需要先谈谈引力波的辐射能力。我们前面讲过，引力波的产生跟

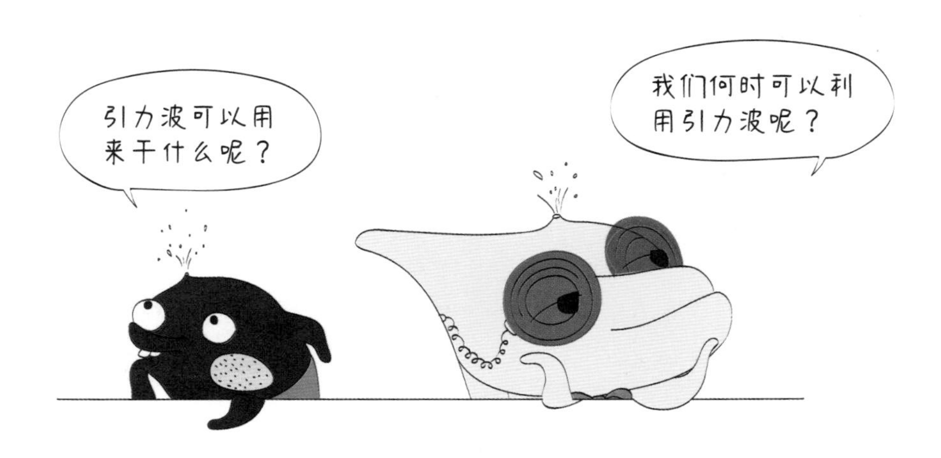

时间和空间的畸变有关；而根据爱因斯坦的理论，质量会产生时间和空间的弯曲；而我们又讲过，引力波就是这种弯曲的波动形式，就像水波一样。

既然空间和时间在振动，那么我们就需要让质量也振动起来。实际上，LIGO之所以能够探测到黑洞产生的引力波，就是因为黑洞绕着黑洞转会产生一种物质质量的周期性运动，并且辐射出引力波，而当两个黑洞最后发生合并的一刹那，这种物质质量的振动形式是非常剧烈的，产生的引力波非常强大。

它强大到什么程度呢？我们知道LIGO的第一个探测结果，也就是29个太阳质量的黑洞和33到34个太阳质量的黑洞合并所产生的巨大能量，通过引力波的形式，居然等价于3个太阳质量全部变成能量辐射出来的东西。所以，虽然它在遥远的13亿光年之外，但它依然被人类探索到了，尽管被探测到的时候它已经极其微弱。

由此我们知道，物质质量相互之间运动会产生引力波，产生时间和空间的涟漪，也就是时间和空间弯曲的振动。这个说法听起来可能有些绕，但其实也很简单。举个例子，一根金属铝棒如果感受到空间的振动，它的长度也会不断地变长变短，尽管这个变化非常小，1米长的铝棒发生的形变可能是原子核的多少分之一，是肉眼看不见的，但它依然存在，人类可以通过高端的技术探测到它，例如LIGO团队就是通过激光来进行探测的。

· 引力波的概念图

激光原理可以用于探测空间中极其微小的变化，小到什么程度呢？应该说，在LIGO的这个层次上，它探测到这两个黑洞合并时产生的空间变化只有质子半径的一千分之一。试着想想质子有多大，就会发现这种微小的程度是非常惊人的。把质子放大1亿倍，用肉眼都看不到它。再放大10万倍，才可能看到质子变成了1厘米的大小，可见质子有多小，而这种微小的空间变化只有质子的千分之一。

回到刚才的问题：引力波这么好用，那我们有没有可能人工制造出引力波天线呢？它有没有可能既可以接收到引力波，同样也会产生引力波？在这里，不得不遗憾地说，这样的技术是非常困难的。困难到什么程度呢？我们举个例子：当地球绕着太阳运动的时候，也是两个物质质量在做周期性运动，只不过地球是绕着太阳运动了1年又回到了原点，它的运动轨道近乎圆形。

这样的运动在天体的尺度上其实是非常厉害的，为什么呢？因为科学家测量出来，太阳相对地球的运动速度或者地球相对太阳的运动速度达到了每秒钟30千米。这个速度相当快，地球上不存在这样的高速运动，高铁没有这么快，飞机也没有这么快。因此对于我们来说，目前要实现这项技术是非常困难的。

再来看一看《三体》中的那个故事：罗辑一家看到的50多米直径的巨大金属圆柱体引力波天线，其中包裹着一根非常细的超高密度的振动弦。这是因为，引力波天线要产生引力波，必须具备非常高的密度。高到什么程度呢？已知地球绕太

阳运动也只能产生200瓦的辐射能量，可是《三体》里真的出现了引力波天线。这到底有没有可能？

《三体》中说："引力波发射的基本原理是具有极高质量的、密度的长线的振动。"也就是说，引力波发射需要一根头发丝一样的、弦一样的东西，而且它的质量必须非常高。那么，最理想的发射天线就是黑洞了：把一些微型黑洞像一串珠链一样串起来并让它们发生振动，就能辐射出引力波。可是这样的技术就连三体文明也做不到，于是他们只能使用超高密度的中子，把它们串起来，从而达到这种效果。

物理学认为，如果在一根头发丝一样粗的东西里塞满了质子、中子这样的物质——也就是原子核的物质——我们把100根头发丝排起来，也就是1厘米，换句话说，每根头发丝的直径是一百分之一厘米。把每根头发丝里面都塞满原子核，排成1厘米后，质量就达到了1000亿克，这可是非常重的。

通过物理学计算，这样的质量可以辐射出巨大的功率，如果方向性好的话，银河系中的任何外星人都可以收到。但我觉得这是无法实现的，因为这个质量实在太大了，大到我们无法在地球上将它安置，所以我们退而求其次：假设我们造出一根弦，这根弦也像头发丝一样细，而每厘米有1000千克重。这样一来，尽管引力波的辐射会小很多，但还是能够辐射出巨大的能量，功率是每秒钟1亿焦耳，这样的功率也足够大了。如果把它的方向性调整好，我觉得这样一部天线也是很好用的。

所以，如果未来的人类文明能够做到这一点，制造出非常纤细但每厘米达到1000千克的弦，就可以制造出引力波天线，但是以目前的技术还难以实现。我推测，大概要到200年以后，人类才能做到这一点。就像赫兹发现了电磁波之后，人类就可以发明出无线电报、电视机等一样，在发明出引力波天线的未来，人类也可以应用引力波。

四、各国引力波探测成果

刚刚我们已经了解了美国LIGO团队的成果——先是探测出两个黑洞合并时发出的引力波；之后，2015—2017年间，LIGO还接连探测到引力波GW151226、GW170104和GW170817。

2018年12月3日，澳大利亚国立大学广义相对论和数据分析小组负责人苏珊·斯科特领导的团队根据高新激光干涉引力波天文台获得的观测数据，确认了迄今最大的黑洞合并事件，以及另外三起黑洞合并事件产生引力波的发现。2019年8月14日，美国LIGO团队和意大利Virgo（室女座）天文台的三台巨型探测器共同探测到了一对黑洞和中子星在约9亿光年之外相互运动并合产生的一束引力波脉冲。

目前，全世界都在进行对引力波的探测计划，包括欧洲的

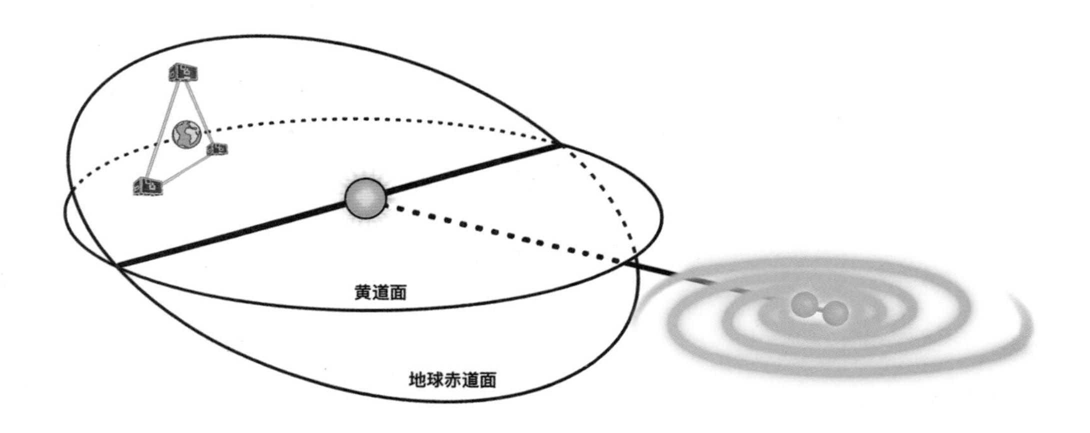

· 中国天琴计划

“丽萨计划”和中国的“天琴计划”，这两个计划都是通过在空间发射探测器来进行引力波的探测；此外，还有日本、印度等国的地面探测计划。如果引力波也能像电磁波那样被应用起来，我们就可以探测到宇宙中的更多秘密，发现更多我们不曾了解的真相。

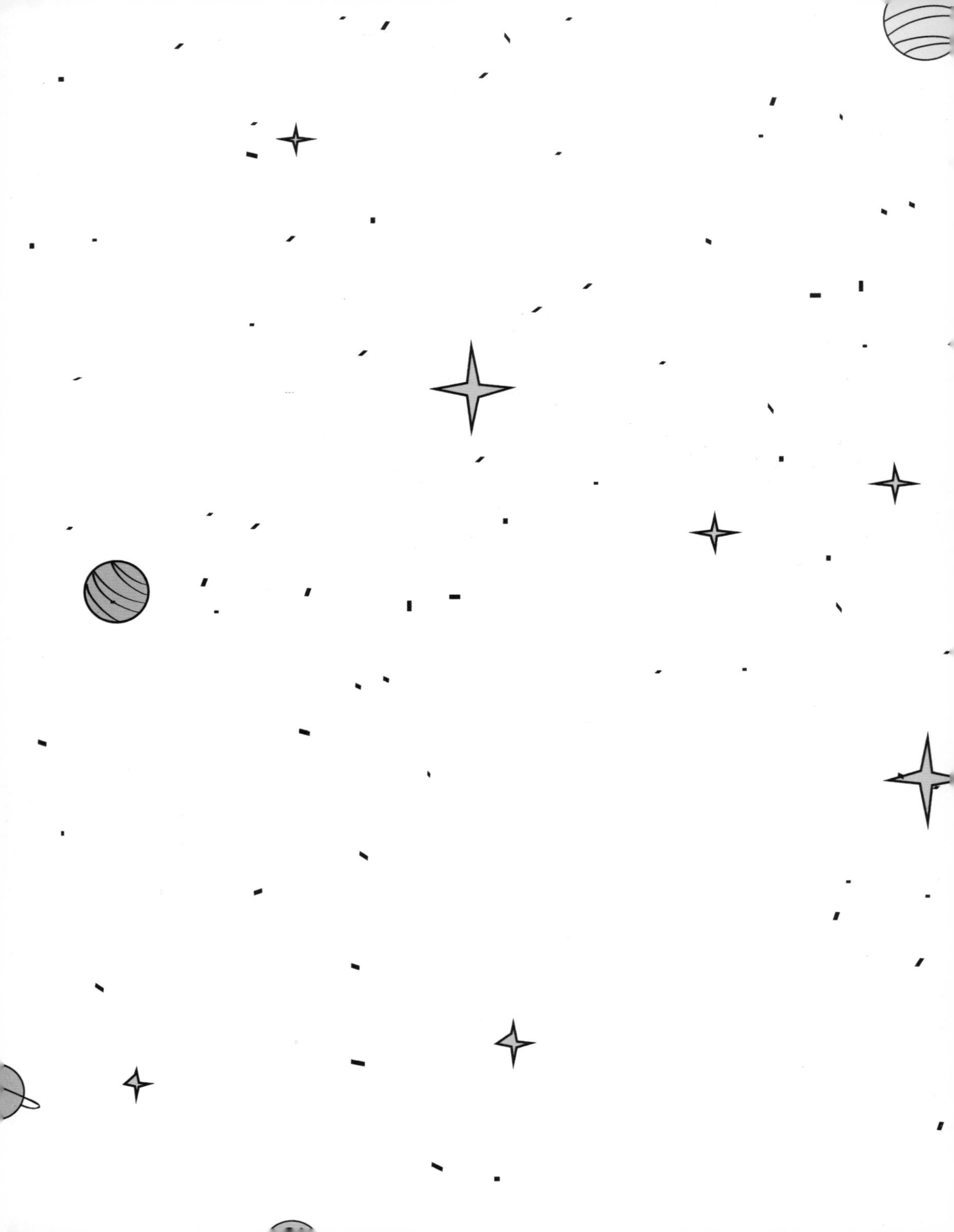

第 11 章

世界通过能量运转

如何定义能量？能量之间是如何转化的？能量又是怎样改变人类世界的？到底是什么样的核心元素让我们这个世界看起来丰富多彩？这一章，让我们一起探讨能量以及能量所主导的宇宙运行规律。

一、能量的本质

能量的本质是什么？这个问题早在古希腊时期就有人思考过。当时人们认为，世界上的万事万物背后都有一个驱动力，这个驱动力就是能量。当然，古希腊人对能量还没有形成特别清晰的概念，到了近代文艺复兴之后，特别是伽利略、开普勒、牛顿之后，人类才形成了比较清晰的能量的概念。

牛顿的能量概念是指，一个物体在动起来的时候，它动得越快，能量就越大。这很好理解，比如我们如果想要拦住一个正在飞速运动的物体，会感到比较吃力，之所以吃力，是因为物体携带的驱动力大、能量大，物理学家称之为动能。

第11章

世界通过能量运转

· 牛顿

二、能量守恒与质能关系

19世纪，两位科学家发现了能量守恒定律，其中一位大家都耳熟能详，叫作詹姆斯·普雷斯科特·焦耳，能量的一个基本单位就是用他的姓氏“焦耳”来命名的。那焦耳又是什么概念呢？1焦耳，就是把100克的东西提起1米所做的功。

焦耳发现，我们吃进去的食物，经过化学反应，也会转化成一种新的能量。食物本身含有生物能，无论是植物还是肉类，都含有能量。我们到食品商店去买东西，会看到食品包装上面都标有食品所含的热量，单位是大卡每千克，更常见的则是大卡每百克。大卡指的就是能量。焦耳发现，我们吃进去的食物，经过化学反应，也会转化成一种新的能量。说得更清楚一点，大卡可以换算成焦耳，1大卡约等于4000焦耳。

理想情况下，我们每天从食物中摄取的能量应该等同于我们日常消耗的能量，比如一名男性每天需要摄取约2000大卡的能量，一名女性每天需要摄取约1800大卡的能量；再多的话，摄取的能量消耗不掉，根据能量守恒定律，多余的能量无法转化为机械能，那么就会变成生物能（脂肪）储存在体内，人就会发胖了。

到了20世纪，能量守恒又出现了新的形式：除了化学能、生物能、机械能，我们还发现了电能。发电的时候，电能也是由其他形式的能量转化而成的，比如发电机的工作原理，就是把机械能转化为电能的过程。

原子能也是一种能量形式。原子能有两种：一种是普通的原子能，就是一个原子中储存的能量；还有一种是原子核能，简称为核能。对于20世纪的物理学家来讲，这两种能量是一个新发现。比如说，电子在原子里运动时会发光，这种光产生的能量就是原子能。物质具有的原子能比化学能更高些，高10倍到100倍。

原子核能就更了不起了，物质具有的原子核能要比原子能、化学能高十万到百万量级，甚至更高。所以，利用原子核能是一种良好的发电方式，我国的大亚湾核电站就运用了这个原理。这里就要解释一下电能——电能也是一种能量形式，由其他形式的能量转化而来。

这些相互转化，构成了这个世界万事万物运行背后的驱动力。

三、质量与能量

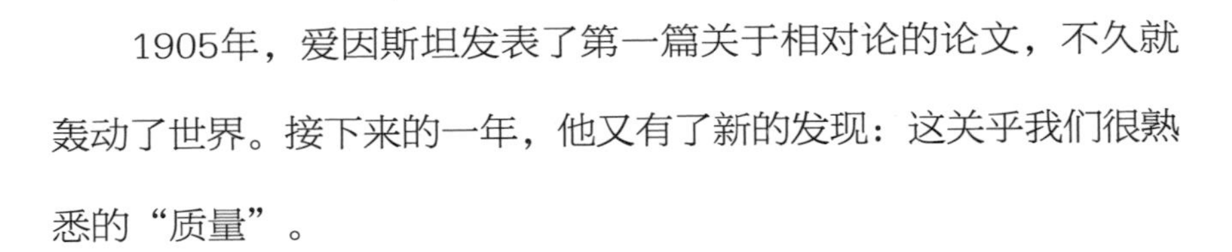

1905年，爱因斯坦发表了第一篇关于相对论的论文，不久就轰动了世界。接下来的一年，他又有了新的发现：这关乎我们很熟悉的“质量”。

什么是质量？我们平常对一个物体的称重为100克、1000克等，这都是质量。爱因斯坦发现：质量也可以转化成能量。

为什么说质量也可以转化成能量呢？追根究底，我们必须要去研究相对论。当原子核发生变化的时候，它会辐射出光和中微子等物质。根据能量守恒定律，原子核本身会变轻，因为它的一部分质量变成能量释放出去了。

所以，目前核电站的工作就是以核裂变为基础：重的原子核裂变成更轻、更多的原子核，而将这些轻的原子核的质量相加，我

们会发现这个质量之和比重的原子核的质量要少，因为少的这部分能量变成了可以利用的能量，然后再通过一系列方式被转化成电能。

人类将在未来开启大航天时代，就像哥伦布开启了大航海时代一样。当大航天时代来临，人类要到地球之外，乃至太阳系之外去发现新大陆，届时最迫切需要的也是能量，因为到那时候，普通的化学能是远远不够的。

当然，我们现在发射火箭用的基本还是化学能，比如说“长征五号”的发射，就是把一些与氧有关的其他可燃烧液体中储存的化学能转化为动能，从而把火箭和火箭载荷送上太空，而这些能量的消耗是无比巨大的。按照现在的化学能来算的话，发射一枚火箭，仅燃料就需要上千万的费用，所以要想开启大航天时代，就必须发现新的能量方式，而且必须能够驾驭这些新的能量方式。

或许有人会问：能不能使用核能？现在看来，通过核裂变来驱动火箭是不现实的。那么核聚变呢？核聚变跟核裂变的形式不同，它是把很多比较轻的原子核聚集在一起，转化成更重的原子核。由于重的原子核质量小于那些轻的原子核质量的总和，因此也就符合爱因斯坦的公式，也就是质量可以转化成能量，而且转

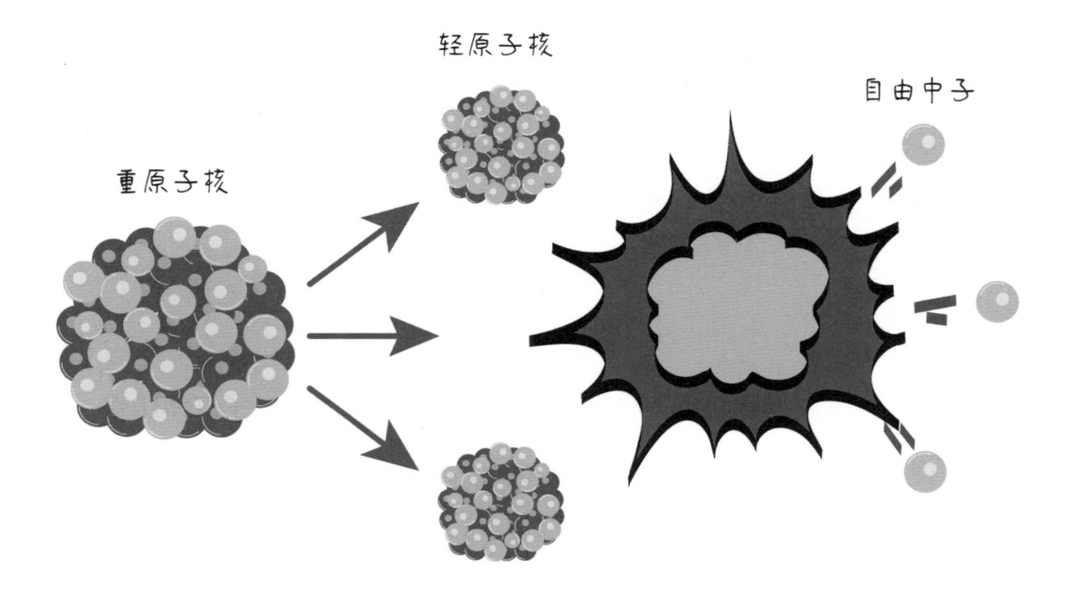

· 核裂变

化率提高了很多。

一旦成功，这意味着人类找到了一种新的能量方式，它的效率将比目前的核电站使用的能量方式高出很多倍。不过，至于人类到底还要花多长时间才能实现人工受控热核聚变，目前还很难预言。

人工受控热核聚变的实现要符合以下条件：

第一，几千万度的高温。只有在这样的温度条件下，等离子气体中的部分原子核才会发生聚变反应，也就是说，随着温度的升高，聚变反应也会加快。

第二，充分的约束。要把高温下的等离子体在一定的区域内进行约束，并保证其在足够的时间内充分聚变。

第三，密度必须相当低。因为处于高温下的等离子气体压强非常高，所以要将容器中的气体抽成真空，这样使单位体积内的粒子数控制在10^{15}个，即常温下气体密度的几万分之一。

第四，要保持自持。因为高温下的等离子体是不稳定的，对它的约束只能局限在非常短的时间内。要保证足够数量的等离子

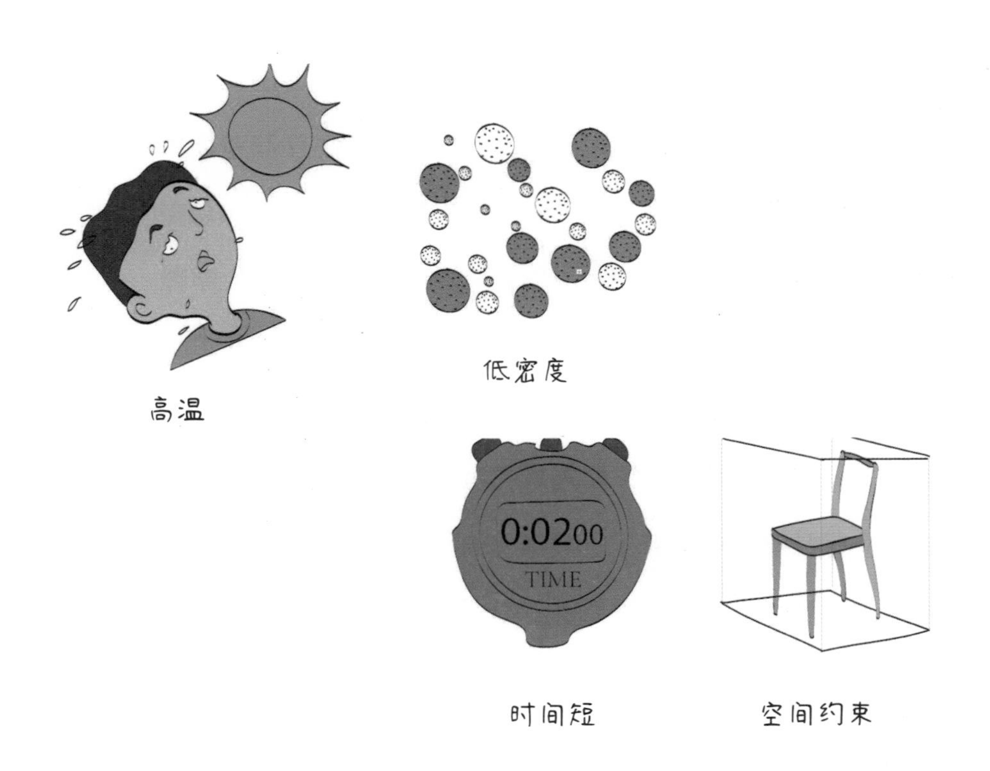

· 人工受控热核聚变的条件

气体巨变反应的完成，还能保证自持，这对参与反应时的等离子气体密度，以及实现对它可靠的约束时间提出了很高的要求，也就是所谓劳逊判据。

由此可见人工受控热核聚变所需的条件之苛刻，但受控热核反应又具有极大的诱惑力，所以科学家们禁不住要积极进行探索，比如欧洲就有准稳态环形磁场受控热核装置“托卡马克”，又称环磁机。

科学家们注意到，热核反应中会有大量的核能被释放出来，太阳、恒星的能量就来源于此。甚至人类研制的氢弹，它的能量也来源于此。受控热核反应是在可控的条件下进行的，其反应过程没有氢弹那样猛烈，但所释放的能量可以转化为电能，这是非常值得关注的。因为，海水中蕴含有大量的氘，它是氢的同位素，可以作为热核反应的燃料。

因此，受控热核反应的意义非常重大，受控热核反应的完成，标志着我们能够获得一种丰富的能源，而这种能源是无穷无尽的。科学家对受控热核反应的研究从20世纪50年代就开始了，这几十年的研究进展很快。虽然目前受控热核反应研究还处于实验室阶段，但研究结果势必对磁流体力学和等离子动力学的发展产生非常积极的推动作用，大家不妨拭目以待。

那么，除了人工受控热核聚变，还有没有其他方式可以产生足以开启大航天时代的动能呢？

有这么一种异想天开的设想：能不能把物质和反物质放在一起，从而百分之百把质量转化成能量？现在看来，这个想法的实现离我们还非常遥远。人工受控热核聚变至少还可以在可见的将来实现，比如20年到50年之后，最多一个世纪。而要把物质和反物质转化成能量，首先要制备反物质。

目前，世界上所有的粒子加速器——一种能够大幅度提高基本粒子能量的装置，都在尝试制备反物质，只是这些加速器产生的反物质非常少，数量可以忽略不计；而且粒子加速器的运转也要消耗能量，效率是非常低的，所以现在很难预见人类什么时候才能利用物质和反物质来驱动火箭升天。当这一天到来，我们就可以说，人类彻底进入大航天时代了。

四、能量是怎样改变人类世界的

接下来我们再来探索一些问题：能量之间是怎样转化的？如果说，是信息携带了能量，那么信息是用来干什么的？

要回答这几个问题，我们必须再追溯一下人类走过的漫长历程。让我们先来谈一谈农业时代和工业时代。

大约1万年前，人类社会发生了一场农业革命：人类开始驯化植物，以此收获食物，比如谷子、蔬菜等等；还驯化了一些动物，比如狗、猫等家畜。在农业时代，养活一个人大概要靠1000平方米的耕地，而现在，全世界的人均耕地面积大约是2000平方米。

既然1000平方米就可以养活一个人，我们为什么要用2000多平方米呢？这是因为，人类是杂食动物，需要多出一倍多的可耕地面积才能养活给我们提供食物能量的动物。农业革命时代所有的能量都来源于生物能，我们就是利用生物能量生活、运动、维持日常工作的。农业时代是一个漫长的过程，大约持续了1万年。

300年前，具体来说就是从哥白尼、开普勒、伽利略、牛顿这些科学巨人开始，人类突然发现了新的物理学规律，并且逐渐认识到了更多的物理学规律，从此开始掌控和利用能量之间的相互转化。

第一次工业革命期间，人类发明了蒸汽机和纺织机，通过能量转换把部分人力解放了出来。这些能量的来源也是生物能，但是它们不同于利用太阳的光合作用而直接生产的植物、谷类，而是来源于古老的生物，比如远古植物埋在地下演变而成的石油和煤炭。我们现在使用的能量大部分也来自生物能，只不过那是上百万、上千万甚至上亿年以来积聚的生物能。

然而，这些生物能迟早会消耗殆尽，因此出现了第二次工业革命。第二次工业革命的根本源头是电能，电和磁的物理学规律让人类掌握了发电技术。

从20世纪中叶直到现在，人类进入了第三次工业革命。第三次工业革命不完全是能量的革命了，因为我们并没有发现新的能源，而是信息的革命，它起源于计算机的诞生，从此人类的一些工作可以交给计算机来完成了。

到了20世纪90年代，第三次工业革命又进入了一个新的阶段，在计算机之外，我们有了互联网。大家要知道，在信息时代，我们中国是走在前列的。虽然率先发起信息革命并提出基本的信息原理的是美国，但是中国人更广泛地应用了移动互联网——阿里巴巴、腾讯、百度、美团等大型互联网企业和新的技术应用，都是在中国出现的，因此在信息时代，中国无疑是领先的。

我们当前正沐浴着第三次工业革命的洗礼，第三次工业革命的风潮在全球的蔓延，也反映了全球可持续发展正面临着巨大的挑战。人类不得不面对这样的局面：从20世纪80年代，石油资源正在逐渐枯竭，除此之外，人类还面临着全球气候变化所带来的危机。另外，化石燃料驱动的原有工业经济模式，面对全球可持

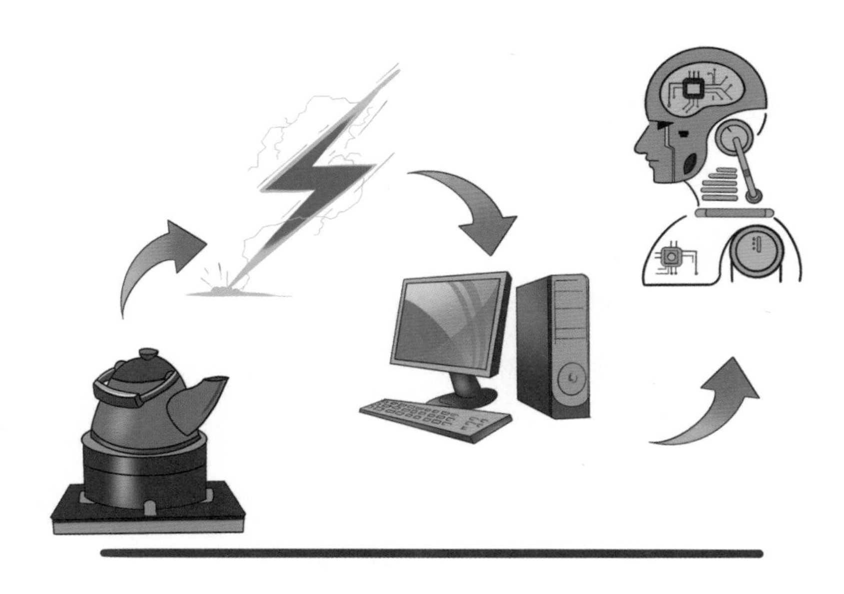

· 四次工业革命的发展

续发展的挑战，已经显得难以为继，这就需要人类积极地寻找一种新的发展模式。

我经常强调，未来会有第四次工业革命，而第四次工业革命和第三次工业革命可以统称为“信息革命”。

第四次工业革命从本质上讲是什么呢？不同的人有不同的观点。有人认为可能是人工智能的一场革命：人类通过对计算机进行训练，提高它的机器学习能力和深度学习能力，帮助我们做更多的事，比如AlphaGo。再譬如滴滴这样的程序，不是利用能量，而是利用更高的组织化为我们提供服务；它代表着更高度的组织化、更大的便利，意味着我们进入了信息分享时代。

那么第四次工业革命是否意味着我们要在更高的层次上利用信息和人工智能呢？这的确是一种可能性。而我个人的观点是，人类有可能利用量子力学造出新型计算机，也就是量子计算机，或者利用仿生原理制造出类似人的大脑一样的机器。

五、未来大航天时代的能源革命

大航天时代意味着人类要向外扩充，要到达更多的地方。航天需要能源，那么能源从哪里来呢？

我们知道，整个银河系里有着上千亿颗恒星，这些恒星都是能量的来源。有一位俄国天文学家尼古拉·卡尔达舍夫提出过一个观点，认为文明可以被分类：如果一个文明能够把地球上所有的能源都调动起来，包括太阳能，这样的文明就叫作1级文明。

有了1级文明，必然就有2级文明。2级文明不仅仅能利用太阳照到地球上的所有能量，还能够把太阳本身蕴含的所有能量全部利用起来。弗里曼·戴森就此提出了一个概念，叫作“戴森球”。他想象在围绕太阳的轨道上造出一个巨大的网络，半径高达1.5亿千米，用这样一个巨大的球把太阳包裹起来，并将太阳光

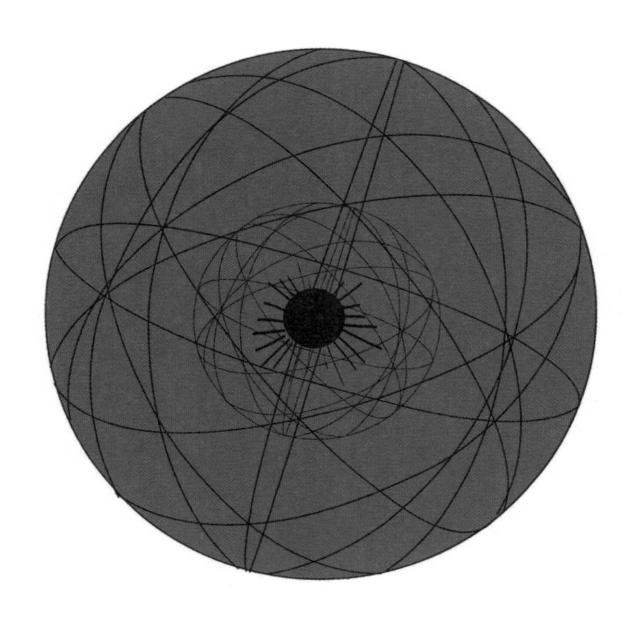

· 戴森球

能量全部吸收。这种级别的文明就叫作卡尔达舍夫2级文明。

再进一步，还有卡尔达舍夫3级文明，它意味着这个文明有能力把银河系里面数千亿颗恒星的能量全部利用起来。

康奈尔大学有一位著名的天文学家卡尔·爱德华·萨根，他同时也是一位科普作家。萨根在卡尔达舍夫理论的基础上进行了延伸，他认为：既然有1级文明、2级文明、3级文明，当然就可以有0.5级文明或者1.5级文明。

萨根制定了一个公式，通过公式来计算，我们会发现，二级文明虽然比一级文明只高了一级，实际上在能量上却高出很多倍；三级文明比二级文明也只高了一级，但能量却高出千亿倍。这不是一个线性发展，而是一个对数级别的发展。我们可以算一算：1万年前的农业革命让人类进入了一个什么级别的文明呢？通过计算得出的结果是0.4—0.5级文明，离一级文明还有一半的距离。

人类现在达到了什么级别呢？用该公式计算的话，是0.7级，也就是说，虽然已经经过了三次工业革命，但是现在的人类文明比农业文明时代仅仅提高了0.2—0.3级。即，每经过一次工业革命，人类文明仅仅提高了不到0.1级。

我们离2级文明还需要多长时间呢？大概还需要20次工业革

命，但这里所说的“工业革命”仅仅是一个抽象的概念，它假定着每经过一次工业革命，人类的文明将提高0.07—0.1级。那么我们离2级文明就需要20次工业革命的时间。这意味着我们还需要4个世纪才能把整个太阳的能量利用起来，换句话说，还要300—400年的时间，我们才有可能造出戴森球。

一旦驾驭了太阳的能量，人类就真正进入了大航天时代，并且可以在整个茫茫宇宙中用引力波来通信。引力波是一种比电磁波强大得多的通信工具，之前我们已经讲过，它基本不会被其他的行星、恒星和分子云所吸收。

让我们一起祝愿，四五百年之后人类会进入辉煌的2级文明。

第11章

世界通过能量运转

- 从宇宙大爆炸，到人类能够运用宇宙的能量，还需要多久？

第12章

宇宙的一生

宇宙中有哪些未解的谜团？我们为什么要研究宇宙？过去的11章中，我们走过了宇宙的一生。现在让我们来简单回顾一下。

一、宇宙的一生

我们已经知道：宇宙在一个极短的时间内经过了暴涨时期。这个时间究竟有多短？目前天文学家和物理学家还不能完全确定，但它应该非常短，远远短于1秒，有可能是一亿亿亿亿分之一秒。

就在这样一个极短的时间内，宇宙膨胀了很多倍，从一个比原子核还要小很多倍的、看不见的微观空间，膨胀成了可见的空间。

这个空间的体积应当介于0.1米到1米，可以看作和篮球差不多大小的一个空间。经过长达138亿年的演变，它变成了我们今天可见的宇宙，半径400多亿光年。

让我们回到暴涨时期。经过极短的暴涨后，宇宙变成了一个比篮球大不了多少的空间，其中充满了炽热的气体，温度极高，气体中充斥着以接近光速运动的一些基本粒子。这些基本粒子是人类所建构的关于宇宙物质结构的基本理论里出现的所有成员，包括光子、电子、夸克、胶子等等。

宇宙诞生后的一万分之一秒的时候，有一些东西逐渐分离开来。这个时候，温度达到了1000亿度，中微子变成了自由粒子，它和其他粒子都不发生亲和作用。宇宙诞生10秒钟，夸克开始形成一些现在为我们所熟知的东西，也就是最基本的原子核、氢、质子，还有中子。然后，这些质子和中子又形成了一些比它略重的原子核，比如氦、氘。这个时候，宇宙的温度降到了30亿度。

我们再越过这个中间过程，让我们快进到宇宙“年长”30分钟的时候。这个时候，宇宙形成了核合层，新的原子核出现了，比如氢原子核。质子的质量占到整个宇宙质量的四分之三，其余的四分之一是氦原子核，剩下的则是锂这样很轻的原子核。当然，这里我们将暗物质忽略不计了。这个时候宇宙的温度依然很

高，比太阳中心的温度还要高，高达3亿度。

我们再向前快进。到了宇宙寿命的30万年左右，电子等带电的东西慢慢地找到了原子核。一个氢原子核和一个电子形成一个氢原子；或者两个电子找到氦原子核，形成氦原子。

整个宇宙所有带电的东西都变成了中性的原子，宇宙不带电了，它不再像以前那样是等离子状态，而是变成了中性的物质粒子的状态。这个时候，大部分电荷都变成中性的了，因为原子中的电子和原子核都到了一起，光相对来讲就比较自由了。

我们知道，光是由电荷发出来的，如果整个世界变成了电中性的状态，那么光就可以自由跑动了。这个时候，宇宙就变成透明的了，因为光几乎不跟这些物质发生作用。我们现在所见到的最早的微波背景辐射就是从这个时候来的，因为微波就是光。

当时，整个宇宙的温度大概是3000度，经过缓慢的膨胀，光也会慢慢冷却。用比较专业的术语来讲，就是它的波长变长了，变成了我们现在看到的微波。目前，微波的温度只有当时的千分之一，也就是大约3开尔文（即绝对温标K，而不是我们通常说的摄氏度）。

到宇宙进入第四亿年的时候，第一批恒星就形成了。我们前面讲过，有第一代恒星、第二代恒星、第三代恒星，诸如此类。第一批恒星形成之后，它们开始发光，整个宇宙都被照亮，宇宙不再处于黑暗时代。

我们再向前快进。到了宇宙20亿年寿命的时候，恒星经过万有引力的拉拢聚合，慢慢形成了我们现在抬头可以看到的灿烂星系。

我们都知道，太阳和地球的年龄都是介于45亿年到50亿年之间，而宇宙的年龄是约138亿年，也就是说，太阳系的形成大约发生在宇宙年龄90亿年的时候。人类又是从何处来的呢？人类是从第二代恒星或第三代恒星的太阳系中诞生的。大约在数百万年前，猿人出现了，后来直立人出现了；而像如今的我们一样可以思考、可以运用语言、可以交流的智人大约出现在20万年前。

· 太阳系

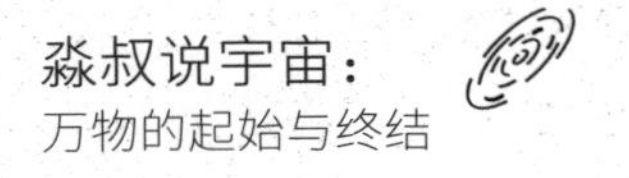

二、未解的谜团

回顾了宇宙的一生，我们又学到了很多知识。不过，关于宇宙，还有很多问题尚待探索。

几年前，欧洲空间局发射了普朗克卫星，用来研究宇宙的微波背景辐射。我们前面讲到过，诞生38万年之际，宇宙变得透明了，微波背景辐射就是那时候留下来的光。普朗克卫星对这些留下来的光进行了仔细研究、探测和分析，得出一个结论：整个宇宙几乎是非常对称和完美的，但是黄道面到赤道面附近存在轻微的不对称。

科学家们绞尽脑汁，还是没有办法解释这种不对称。据计算，发生这种不对称的情况只有不到千分之一的概率，我们把它叫作邪恶轴心。这种不对称的情况是怎么来的？我们现在还不清楚。也许在今后，这个问题会由另外一些像牛顿、爱因斯坦一样有智慧、大胆质疑与设想的人来回答。更多的谜团被解开后，我们对宇宙的理解也许就是完美的了。

在前文中，我们还讨论过是否存在其他的宇宙，几十年来，宇宙学家对此也进行了许多推测，现在还没有得出结论。从逻辑上看，尽管我们所在的这个可观测的宇宙巨大无比，并且半径长达400多亿光年，但它还是有限的，不是漫无边际的。

总有好奇的人会问：人类是否可以旅行到宇宙尽头，探看“墙”之外是什么东西？我倾向于相信，在我们宇宙的边界之外还存在着其他的宇宙，而这就是所谓的多元宇宙或者平行宇宙。

这些宇宙是什么属性？它们包含着什么样的物质？有着什么样的结构？它们的物理规律又是怎么样的？这些都属于人类在未来需要回答的问题。就像我们上中学时发出的疑问：人是从哪里来的？那时，人们对人类起源的几大学说的理解都还不够深入，而现在，这些问题几乎都得到了解决。

现在，“宇宙之外是什么”“宇宙之外到底有没有其他宇

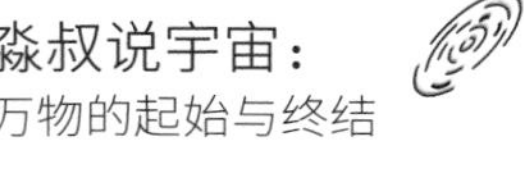

宙”——这些就是今天的年轻人应当关心的问题。其他宇宙的空间维度是否和我们的宇宙一样？会不会像《三体》里描写的那样，会出现一个四维的空间或者四维的泡泡？或者有没有更高维的泡泡，甚至十维的空间，就像弦论和所谓的“M理论”所说的十维空间这样的宇宙？

我觉得这些是未来几十年甚至数百年里人类需要回答的问题。今天，通过一些现象和物理学知识判断，我认为另外的宇宙是存在的，并且这些宇宙的结构、物质组成以及自然规律有可能跟我们的宇宙截然不同。

此外，关于暗能量，我们也了解得不多，我们只知道它是宇宙加速膨胀和万有斥力的驱动力，并且占宇宙能量组分的70%左右。我们虽然知道基本粒子是怎么来的，但是还无法了解暗能量的起源，因为它确实出乎我们的意料。

我曾经说过，有多少宇宙学家，就有多少关于暗能量的理论和想法。当然，我也不例外。12年前，我提出过一个全息暗能量模型：我们的宇宙是全息的，它可以由一个比三维空间维度更低的一个空间里面的信息来决定。

我据此建立了一个模型，这个模型叫全息暗能量。通过这个低维空间，我可以证明存在着某种能量，以及这种能量跟我们的宇宙尺度之间有何关联。这个理论目前在实验上还没有完全得到证实，除了能量之外，它的动力学细节还需要进一步验证。这种对暗能量的理解只是众多宇宙暗能量模型、宇宙暗能量理论之一，就像我前面说过：有多少宇宙学家，就有多少理论，就有多少解释。

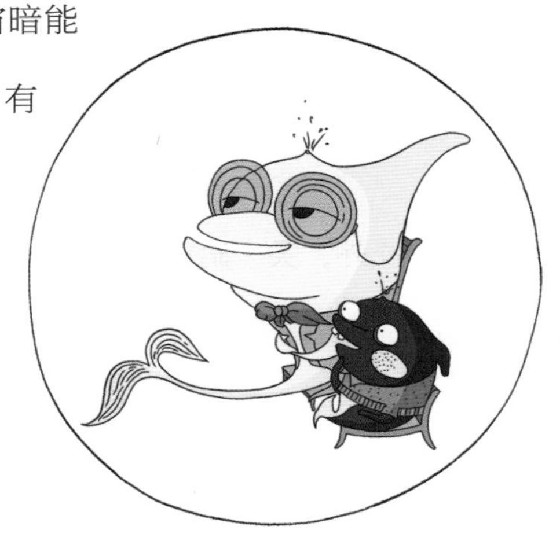

接下来，另外一个与暗能量几乎同样难的问题是关于暗物质

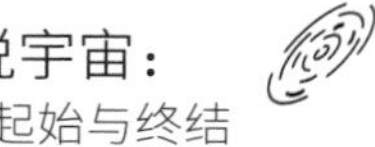

的。暗物质约占整个宇宙能量组分的20%，而且它跟暗能量完全不同，倒是跟物质有些接近，因为它会产生万有引力。比如，我们的银河系和银河系附近的一些星系组成的一个本星系团，里面具有四五倍于可见物质的暗物质。

这些暗物质到底是什么东西？是未知的基本粒子，还是其他的什么东西呢？我们仅仅知道这些暗物质会引起万有引力，而且它几乎不发光。为什么说“几乎”不发光？因为它可以间接地发光，比如暗物质互相配对，在漫长的时间里偶尔产生湮灭，然后产生出其他的粒子，这些粒子可以发光，因此它是间接地发光。

我们之前讲到过国际空间站上的一个实验，是丁肇中先生领导的一个团队做的。他们探测到暗物质湮灭，产生其他新的粒子再发光。这个过程中，他们有可能观测到了暗物质，而且暗物质要比质子、中子重1000倍以上，但是现在还无法下定论。丁肇中先生的预计是，至少还需要几年时间，大概要到2024年，团队才能确定看到的东西到底是真是假、是否来自暗物质的湮灭。

当然，宇宙中还存留着更多的谜团，比如说量子力学。量子力学和万有引力是否能够和平共处？这是一大难题。我们知道，这也是基础物理从爱因斯坦之后引起数十年讨论的一大理论难题。对此，在过去几十年间，物理学家们付出了无数努力，提出了很多理论，比如超弦理论、圈量子引力论等，但是目前仍然没有结果。

如果能把量子力学和万有引力融会贯通，如果它们能够和平共处，会由此产生什么样的新想法，带来什么样的新的物理革命？

在过去的二三十年间，我一直在研究超新星理论，我曾经相信在我有生之年可以得出实验结果，但是现在我的看法改变了，我觉得不仅仅在我有生之年，也许在今后的两三个世纪，更加悲观一点地说，可能在千年之后，这个问题都无法解决。

三、我们为什么要研究宇宙

我们为什么要仰望星空？我们为什么要不断地探索宇宙？为什么不把相关的大笔经费用于救济穷人？

救济穷人当然很重要，这是发展经济需要做的。但是我们知道，经济发展离不开科学的进步。在过去的三四个世纪，人类社会出现了第一次工业革命、第二次工业革命、第三次工业革命，所有这些工业革命的基础都是科学发现和科学发明。

如果科学家们不研究世界的运行规律，不去探究宇宙是从哪里来的、物质为什么是这个样子而不是那个样子、恒星为什么会发光，我们就不会发现这些深刻的物理学规律。如此一来，人类有可能还处于农业时代，我们还需要起早贪黑地下地劳动，用体力换取一点点食物。

所以，探索宇宙的意义不仅仅在于满足我们的好奇心，它对未来也有着深远的影响。相关研究带来的副产品会改变人类未来的命运。倘若撇开实际的利益，单从满足人类好奇心的角度来讲，科学研究也是至关重要的。人类之所以成为人类，就是因为我们具有好奇心。研究宇宙看似没有任何实际效用，实际上

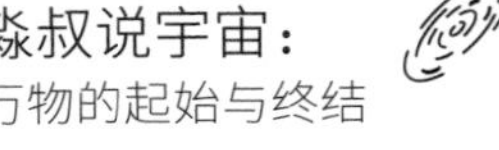

却有着相当深刻的实际效用，那就是让人类的精神和概念得到升华——这本身也已经构成一种实际效用了。

最后我们要谈一谈宇宙的终极命运：前面谈到暗能量的时候已经提到过，宇宙有可能变得越来越冷、越来越大，有可能终结于一场大型的撕裂。如果暗能量变得越来越大，在有限的时间内变得无限大，也许在数百亿年之后，我们抬起头来，会发现日月星辰逐渐消失，国家逐渐消失，我们的肢体也逐渐消失——这就是宇宙的大撕裂，这是一种非常极端的情况，而全息暗能量模型恰恰预言了这一点。

根据目前的实验和天文学观测，我提出的暗能量模型如果成立的话，宇宙中的暗能量会变得越来越大，而且会在有限的时间内变得无限大，这就是宇宙大撕裂。宇宙还可能有另外一种结果：暗能量会消失，变得越来越小，然后宇宙会重新坍缩、重新爆炸。无论宇宙的命运如何，我觉得它终将是生生不息的。

宇宙毁灭也好，不毁灭也好，未来还会有更新的东西产生。

我们会问，人类会不会在未来影响宇宙的命运？我个人认为，人类会影响宇宙的命运，因为我们会飞出太阳系，会飞出银河系，将我们的足迹遍布整个宇宙，就像小说《三体》所描写的那样，当然细节上可能完全不同于《三体》。总之，人类终将对宇宙产生影响。

图书在版编目(CIP)数据

淼叔说宇宙:万物的起始与终结/李淼著. —福州:海峡文艺出版社,2022.11(2023.12 重印)
ISBN 978-7-5550-3134-5

Ⅰ.①淼… Ⅱ.①李… Ⅲ.①宇宙—青少年读物 Ⅳ.①P159—49

中国版本图书馆 CIP 数据核字(2022)第 166849 号

淼叔说宇宙:万物的起始与终结

李 淼 著
出 版 人 林 滨
责任编辑 邱戊琴
编辑助理 王清云
出版发行 海峡文艺出版社
经 销 福建新华发行(集团)有限责任公司
社 址 福州市东水路 76 号 14 层
发 行 部 0591—87536797
印 刷 福州德安彩色印刷有限公司
厂 址 福州市金山工业区浦上标准厂房 B 区 42 幢
开 本 700 毫米×890 毫米 1/16
字 数 132 千字
印 张 15.5
版 次 2022 年 11 月第 1 版
印 次 2023 年 12 月第 2 次印刷
书 号 ISBN 978-7-5550-3134-5
定 价 45.00 元